Jochen Kretschmann

Lockruf der Dampfsirenen

Deutsche Reichsbahn
01 518
S 36 20
Rbd Berlin
Bw Ostbahnhof

Jochen Kretschmann

Lockruf der Dampfsirenen

trans press

Einbandgestaltung: Andreas Pflaum
Titelbild: Burkhard Wollny

Bildnachweis:

Sammlung des Autors: Seite 2, 12, 55 und 188
Sammlung Töpelmann: Seite 23, 39, 77, 125, 135, 162, 167 und 175
Kleine, Archiv transpress: Seite 143, 147, 151, 154 und 184

ISBN: 3-613-71121-4

Ein Unternehmen der Paul Pietsch Verlage GmbH+Co
1. Auflage 2000

Lektorat: Dr. Harald Böttcher
Innengestaltung: Viktor Stern
Scans: digi bild reinhardt, 73037 Göppingen
Druck: Rung-Druck, 73033 Göppingen
Bindung: E. Riethmüller, 70176 Stuttgart
Printed in Germany

Inhalt

Verzeihen Sie, Sir

»Hochverehrter Mister George Stephenson!
Entschuldigen Sie bitte meine Vermessenheit, an Sie zu schreiben. Ich weiß nicht, ob es auf dem großen Endbahnhof im Lokomotivenhimmel, in dem Sie vermutlich das »Sagen« haben, so etwas wie eine Bücherei gibt. Bisher gelang es mir nicht, jemand danach zu fragen; es kam ja auch noch nie einer zurück, der etwas erzählen konnte. Nun habe ich Angst, es könnte doch so etwas wie eine derartige Einrichtung geben, und Sie, Sir, würden dort das kleine Buch mit meinem Namen als Verfasser entdecken.
Vermutlich würden Sie dann auch die »Käferepisode« finden und eventuell denken: Einer von meinen alten Gardisten – und nun »fahnenflüchtig...«
Sir! Fast ein halbes Jahrhundert habe ich mit der »Schwarzen Lady« gelebt, sie war mein Wunschtraum aus der Zeit, als ich noch kurze Hosen trug, sie war mein Traum in dem Oval aus Blechschienen, auf dem sie ihre Runden drehte. Sechs Jahre Lehrzeit habe ich durchgestanden, drei Jahre davon als Schlosserlehrling in Holzpantinen hinter dem »Kratzbock«, habe die »Feilenhölle« der Lehrwerkstatt und die Kopfnüsse und Maulschellen der Lehrgesellen überlebt. Ein Jahr Praktikum im Lokschuppen, gelernt was man wo und wie anfassen kann und darf und dann zwei Jahre Dienst auf der »linken Seite«. Ich sollte lernen, wie schwer es ist den Dampf zu erzeugen, den ich später einmal verbrauchen würde. Ich habe es getan. Mitunter in einer

Dienstschicht zweimal den Tender abgeräumt. Wissen Sie, Sir, – das sind zwanzig Tonnen, und ein Herkules von Statur war ich eigentlich nie.

Aber dann, an jenem Märztag 1953, war die letzte Hürde genommen. Prüfung bestanden und gar nicht einmal schlecht. Doch das spielt keine Rolle und ist auch an der Rauchkammer nicht angeschrieben, mit welcher Note man seine Laufbahnprüfung abgeschlossen hat.

So wie es das Reglement vorsieht, habe ich dann meinen Dienst in der »Blauen Legion« unter dem Flügelrad versehen, diesmal auf der rechten Seite – als »Captain« – aber immer unter den kritischen Augen des »Maats«, des »Linksaußen«. Und wenn man von manchen Streckenabschnitten sagt, die Schienen wären hier nicht vom Regen, sondern vom Schweiß der Heizer gerostet, so kann ich das nur bestätigen. Man darf nie vergessen, wo man hergekommen ist.

Groß geworden bin ich auf einer Preußin, der P 8, einem 2'C-Heißdampfer mit einem zweiachsigen, vorderen Drehgestell und drei gekuppelten Achsen, 1200 PS im Leib und 100 Stundenkilometern Höchstgeschwindigkeit. Zugegeben, es gab schon modernere, stärkere Maschinen – aber wenn man sich erst einmal mit so einem Pferdchen angefreundet hat, seine starken und schwachen Seiten kennt, will man es nicht mehr hergeben. Schließlich steht sie nicht umsonst in dem Ruf, die weltweit am meisten gebaute Lokomotive zu sein. »Ten wheeler« – Zehn Räder – nannten die Amerikaner diesen Maschinentyp, und in Old England heißt sie »4-6-0«.

Sie werden verstehen, Sir, dass bei mir zu Hause im Glasschrank neben anderen, bekannteren Lokomotivtypen, drei »ten wheeler« stehen. Ein »fire horse rider« hat nur ein Herz; und das gibt er nur einmal weg.

Freiwillig habe ich die »railway« nicht verlassen. Die »Doktoren« blätterten in Akten, murmelten lateinische Namen und erklärten mir dann: »Lassen sie die Lokomotive mal stehen, sie sind doch lang und weit genug gefahren, genießen sie ihren Ruhestand«.

So wird einer aus ihrer Alten Garde abgefertigt, aber desertiert, Sir, bin

ich nie. Die Generale hatten befohlen – und ich musste gehorchen. Mehr habe ich doch nicht gelernt!
Sie wissen doch ganz genau, dass man in unserem Fach weder reich noch wohlhabend wird, es ist auch kein Beruf, den man an jeder Stellenvermittlung einlösen kann, es ist eine Berufung!
Wer zu den »Schwarzen« in der »Blauen Legion« geht, hat sich der Dame in Schwarz verschrieben, unkündbar und auf Lebenszeit.
Ein amerikanischer Publizist schrieb einmal über die »Union Pacific«: »Wir schuften für die »Union«, wir wohnen in ihren Häusern, wir kaufen in ihren Läden – und alle kommen wir zusammen in die »Union Hölle«.« In die »Union Hölle«, die Endstation von Casey Jones, einem Mann von uns, der nur dreißig Jahre alt wurde. Sein Leben wurde eine Legende, weil er bis zur letzten Sekunde auf seinem Platz blieb; seinen Song kennt man auf der »Southern«, auf der »Denver and Ohio« und selbst der schwarze fireman auf der »Rio Grande« kennt dieses Lied, es ist das Lied »von den Baumwollballen«, das Kampflied der amerikanischen Eisenbahnarbeiter, in dem sie ihr hartes Los beklagen. Es ist ein einfacher Text, doch die Melodie, in schnellem Marschtempo komponiert, geht »unter die Haut«. Man muß schon »Einer von uns« sein, um herauszuhören, dass sich der Trommelrhythmus anhört, als würden die Radreifen die Schienenstöße zählen.
»Bei der Bahn da heißt es immer, Boys, mit Volldampf ran, um mein Leben zu erhalten nahm ich die Arbeit an. Hört ihr nicht die Dampfsirenen, dunkel ist's immer noch im Tal, hört ihr nicht den Ruf ertönen, Jonny gib Signal!«

Hochachtungsvoll:
Jochen Kretschmann
Lokomotivführer / Nord/Ost Region
Dienstnr. 1364

Lokomotivführer – Windjammer-Kapitän der Eisenbahn

Der Mensch ist von Natur aus neugierig. Wie seine nächsten Haustiere, Katze und Hund durchstreift er seine Umgebung um Neues zu entdecken. Doch dabei stößt er auf eine scheinbar unüberwindliche Grenze: Das Wasser! Es trennt Landesteile, Völker, Kontinente – und der Mensch ist nur bedingt schwimmtauglich.

Einbäume und Flöße können ihm ebenfalls nur bedingt nützlich sein, und so entstehen aus Einbäumen und Flößen die ersten Schiffe, zuerst noch unvollkommen und plump, dann immer mehr verfeinert.

Die Drachenboote der räuberischen Wikinger gelangten bis nach Island, Grönland und sogar Nordamerika, mit der »Santa Maria« entdeckte Kolumbus 1492 Amerika erneut, und Britannien wurde durch Schiffe zur weltbeherrschenden Seemacht.

Doch alle Schiffe, von der Hansekogge bis zur »Titanic« hatten eines gemeinsam: Nur ein Mann hatte an Bord des Schiffes das Sagen! Es war der Mann, der sich mit Gezeiten und Strömungen am besten auskannte, der nach den Gestirnen den Kurs festlegen konnte, der mit den Winden auf Du und Du stand, der genau wusste, wann er welche Segel setzen oder reffen musste, wo welche Untiefen und Riffe zu erwarten waren, welchen Seegang er seinem Schiff zumuten konnte und dem schon ein leichtes Flattern des »Tuches im Wind« verriet, dass der Rudergänger ein paar Strich vom Kurs abgekommen war. Der Kapitän!

Sein Befehl war Gesetz und wurde befolgt – jedenfalls in den meisten Fällen. Auch der erste Mann auf einem vollautomatisierten Luxusliner heißt heute noch, nach Jahrhunderten Seefahrt, »Kapitän«.
Nun ist die Eisenbahn noch längst nicht so alt wie die »Christliche Seefahrt«, doch als vor 166 Jahren der »Adler« seinen ersten Schnaufer tat, hieß die offizielle Dienstbezeichnung für den Mann hinter dem Regler bereits Lokomotivführer. Frühere Begriffe wie »Maschinenmeister« oder »Lokomotivlenker« hatten kluge Menschen bereits vorher verworfen, weil sie nicht dem Sinn dieses neuen Berufes entsprachen.
Der erste Mann bei der Eisenbahn war einer, ohne den nichts, mit dem jedoch so ziemlich alles ging, dem die durch die Technik gebändigten Elemente gehorchten und dem der angeblich seelenlose, 170 Tonnen schwere Stahlkoloss buchstäblich aus der Hand fraß. Ihm vertraute sich jeder Eisenbahnreisende bedingungslos an. Er wusste, dass er sein Reiseziel auf jeden Fall sicher erreichen würde. Vorne, auf der Lokomotive, stand ja der »Mann für alle Fälle«, – der Lokomotivführer.
Über 150 Jahre gibt es diese Dienstbezeichnung für den schönsten Beruf der Welt, und ebenso weltweit ist er verbreitet. »Parawosmaschinist« nennen ihn die Russen, »locomotive operator« oder »locomotive driver« heißt er bei den Engländern oder Amerikanern und die Franzosen nennen ihn »maitre d'locomotive«.
Sperrte man dieses Völkergemisch, in dem keiner die Sprache des Anderen versteht, ohne Dolmetscher in einen Raum und stellte ihnen ihr jeweiliges Lieblingsgetränk – es muss ja nicht unbedingt immer Tee oder Kaffee sein, weil der nämlich dem Kreislauf schadet – auf den Tisch: Nach einer halben Stunde hat man den lebhaftesten und sachkundigsten Erfahrungsaustausch der Eisenbahngeschichte entfacht. Man unterhält sich mithilfe aufgeschnappter Vokabeln, mit Händen und Füßen, Papier und Bleistift und erzielt das Unglaubliche: Man versteht sich.
Im eigenen Land dagegen braucht man keinen Dolmetscher – so dach-

te ich bisher, doch leider scheint dies ein Irrtum zu sein. Wenn ich mir aber die Sprache der Medien anhören muss, entsteht bei mir der Eindruck, dass ich mich nicht in Deutschland sondern in irgendeinem Bundesstaat der USA befinde. Mit aller Macht versuchen unsere Landesväter und -mütter uns zu erklären, wie »amerikanisch« wir eigentlich sein müssen. Was nicht mehr zeitgemäß ist, ist »out«, das Gegenteil davon ist »in«. Anstelle des alten, deutschen Warenhauses geht man ins »Center« und wer ein Nahverkehrsmittel benutzen will, benötigt ein »Ticket«, das er vorher am »Counter« erstehen muss. Die Stadt Frankfurt am Main kam noch einmal um Haaresbreite daran vorbei, in Zukunft »City of Europe« genannt zu werden.
Zu unserem Glück war den Russen dieses Mittel nicht eingefallen. Sie verlangten von uns nicht, dass wir alle Sonnenblumenkerne kauen müssten oder »Hopak« tanzten.
Doch um der Wahrheit gerecht zu werden: Der Sprachverstümmelungswahn begann bereits im »Vierten Reich«. Das bekannte alte Wort Lokomotivführer wurde durch den Begriff »Triebfahrzeugführer« ersetzt. Zuerst war ich der Meinung, dieses Unwort wäre ein Produkt unserer »Polit-Profis«. Diese »Berufsrevolutionäre« hatten das Talent, dass ihre Reden und Aufsätze mit derart vielen Fremdwörtern und Begriffen geschmückt waren, dass der Zuhörer sie nicht verstand und bestenfalls darüber einschlief.
Noch zur Zeit der »Dachdecker-Regierung« gelang es mir, einmal unberechtigt einen Blick in Dienstvorschriften der Deutschen Bundesbahn zu werfen, und siehe da – dieses Unwort stammte nicht von einem der zahllosen, unnützen Radiergummihalter aus der Parteibürokratie, nein, es war ein Geschenk unserer Brüder und Schwestern westlich von Elbe und Werra – und für »Westgeschenke« war der Honecker-Clan bekanntlich immer zugänglich.
Leider mussten wir nach der Wiedervereinigung noch andere, viel unangenehmere Geschenke annehmen, die stehen allerdings auf einem anderen Blatt.

Doch ich muss mich berichtigen. Es gibt ihn noch, den alten Namen »Lokomotivführer«.
Bekanntlich kann man ja in Deutschland alles und jeden kaufen. Wenn nun wohl betuchte Herren in feinem Zwirn das Bedürfnis verspüren, auch einmal den »Nervenkitzel«, den berüchtigten »Kick« zu erleben, bedurfte es nur eines entsprechenden Bankschecks und einiger Vorlesungen, von denen die Zuhörer absolut nichts verstehen konnten, um ein Zertifikat mit der Aufschrift »Ehrenlokführer« zu erhalten.

Holzfeuerung

Von Kremmen über Neuruppin, Wittstock bis Meyenburg, von Neustadt (Dosse) über Neuruppin nach Löwenberg (Mark) und mit einer Abzweigung von dieser Linie in Herzberg nach Rheinsberg erstreckte sich einst das Netz der RE – der Ruppiner Eisenbahn. Ihr Wagenpark, überwiegend aus Materialien der preußischen Länderbahn stammend, unterschied sich nur durch die grell roten Fensterrahmen und dem »RE« in der Wagenmitte vom großen Vorbild.

Im Jahre 1949 wurde auch das Netz der Ruppiner Eisenbahn der Deutschen Reichsbahn angeschlossen. Neuruppin gehörte zum Wirkungsbereich des damaligen Maschinenamtes Berlin 6.

Es war zu der Zeit, als Kartoffeln, Brot, Kohlen und Tabak gängige Zahlungsmittel waren. Mein Gehalt als Lokomotivheizer betrug 217 Mark, das des Lokomotivführers 85 Mark mehr. Als wir erfuhren, dass Lokpersonale für den Dienst auf dem ehemaligen Streckennetz der RE gesucht wurden, fiel mir sofort ein, dass die Prignitz mit Schmolde, Freyenstein und Wulfersdorf das reinste Kartoffeleldorado war… Ich meldete mich.

Bewaffnet mit Ölspritze, Karbidlampe und zwei Maulschlüsseln 17/19 und 19/22 melden wir uns in der Lokleitung. Der Dienst habende Lokleiter mustert uns etwas misstrauisch. Mit den Reichseisenbahnern hat er noch keine Erfahrung.

»Eure Lokomotive steht vor dem Schuppen«, verkündet er, »damit fahrt ihr den Auslader bis Löwenberg – und wieder zurück.«
Wir stolpern über Gleise und Herzstücke der Strahlengleise. Plötzlich bleibt mein Meister stehen.
»Ach du gerechter Strohsack«, stöhnt er, »sieh mal …«
Vor uns steht ein Vierkuppler, Heißdampf, mit weit vorgezogenen Wasserkästen und räuchert aus seinem Krempenschornstein vor sich hin. Leicht säuselnd verkünden die beiden Sicherheitsventile auf dem Kesselscheitel nahen Spitzendruck.
Vorsichtig nähern wir uns dem Gefährt, das sich stolz mit einem brandneuen Reichsbahn-Nummernschild als Baureihe 92 ausweist. Sämtliche Stangenlager sind nachstellbar, der Umlauf vor den Wasserkästen relativ niedrig. Abdampf von Lichtmaschine und Luftpumpe führen in zwei Rohren an der hinteren Schornsteineinwandung nach oben ins Freie.
Im Vergleich zu dem der preußischen Baureihen ist der Führerstand sehr geräumig. Die tief liegende Feuerbüchse und den Kohlekasten ohne Schaufelbühne kenne ich bereits, jedoch flößen mir die beiden 125-l-Dampfstrahlpumpen leichtes Misstrauen ein. Vorsichtshalber suche ich nach dem Kipprost und finde ihn auch, sichtlich erleichtert.
Mein Meister dagegen findet an der handbetätigten Schmierpresse für die Luftpumpe kein Vergnügen. Er brummt, dass auf dieser Lokomotive der Alte Fritz schon als Gefreiter gefahren sei und verlangt, ich solle mal Seifenwasser bereitmachen.
»Seifenwasser?«
»Ja, Seifenwasser! Mit diesem Gerät« – er deutet auf die Handpresse – »schmiert man nur den Dampfteil der Luftpumpe. Für den Luftteil nimmt man Seifenwasser.«
Dann werde ich darüber aufgeklärt, dass Kompressorenöl einer der teuersten Schmierstoffe der Eisenbahnverwaltung sei. Warum also viel Geld ausgeben, wenn es mit Seifenwasser auch geht.
Der ungedämpft ins Freie peitschende Abdampf der Luftpumpe ver-

kündet dem Scheibenwärter auch ohne Pfeifen, dass wir die Absicht haben, raus zufahren. Getreu dem Grundsatz, dass jede Lokomotive so schnell ist wie ihre Bremsen halten, zieht mein Meister kurz vor dem Erreichen der Drehscheibe die Zusatzbremse voll durch. Der Erfolg ist, dass ich mit der Heißdampfölkanne in der Hand gegen das Frontfenster des Führerstandes stolpere und dabei alle drei Vasen des Michalk-Ölers, der mechanisch von der Achse über ein Gestänge angetriebenen Schmierpresse für das Triebwerk, bekleckere. Die Bremse ist gut. Unser Auslader – ein Nahgüterzug – hat über 350 Tonnen Last. Der Zugführer, ein ehemaliger Ruppiner – erkenntlich an dem etwas anders gestalteten Flügelrad und den aluminiumfarbenen Uniformknöpfen – scheint ein sehr umgänglicher Mensch und, wie sich herausstellt ein exzellenter Rangiermeister zu sein. Jedenfalls brauchen wir bei ihm keine Bewegung zweimal durchzuführen.
Als das Ausfahrsignal auf Fahrt gestellt wird, haue ich die Feuerkiste voll. Vergessen ist die alte Mahnung, dass man zwar immer noch etwas hineinwerfen, aber nichts mehr herausholen könne. Die Merseburger Briketts brauchen nicht lange zum Durchbrennen, und offensichtlich ist die Zuglast für unsere 92er kein Gegner. Zuerst röcheln die beiden Kesselsicherheitsventile nur, dann beginnen sie zu fauchen. Als eine Strahlpumpe den Dampfdruck nicht mehr bändigen kann, nehme ich die Zweite hinzu. Aber da ist schon der erste Rangierhalt. Die »Ramsbottom« brüllen, Wasser bis in die Pfeife – vorwurfsvoller Blick des Meisters. Ich zucke die Schultern. Kann ich wissen, wie sie kocht? Wir zuckeln weiter auf einem Schienenstrang, den wir beide nie in unserem Leben gesehen haben. Über die erforderliche Streckenkenntnis verfügt nur der Zugführer, hinten, im Packwagen. Herzberg, Grieben, Linde – alles Namen, die wir noch nie gehört haben. Mal geht es bergauf, dann wieder abwärts und mittlerweile ist es draußen finster. Plötzlich hält mein Führer den Zug an. »Halt!«, verkündet ein rotes Licht. Unser Zugführer, Robert mit Namen, klettert schwerfällig aus dem Packwagen.

»'Is denn los, Männer?«
»Wir haben Halt, Robert!«
Missbilligendes Kopfschütteln.
»Jetzt kommt erst Löwenberg-Dorf, Männer – und da gibt es kein Signal!«
Das rote Licht erweist sich als die Schlussleuchte eines wegen Panne liegen gebliebenen Lastkraftwagens.
Unbeschadet erreichen wir den Kleinbahnhof Löwenberg, dessen Empfangsgebäude recht klein geraten ist, dafür aber zum größten Teil von den Anlagen der Bahnhofsgaststätte in Anspruch genommen wird. Über zwei Weichen und vorüber an einem Gleissperrsignal gelangen wir auf die Schienen der Reichsbahn. Im dortigen Lokomotivbahnhof laden wir Kohle nach, lassen die Achsklappen fallen und nehmen Wasser. Sicherheitshalber sehen wir auch nach den Stangenlagern. Sie sind eiskalt, und der minimale Ölverbrauch ist erstaunlich.
Scheint nicht schlecht zu sein, die Ruppiner. Während ich mit der Aböllampe – einer Art Ölgießer mit dicker Tülle, durch die ein mit Petroleum getränkter Docht führt – am Gewerk herumrenne, meint mein Meister:
»Was hältst'n davon, wenn wir sie behalten?«
»Nicht übel – wenn wir sie bekommen!«
Wir bekommen sie und werden mit dieser 92er auf dem Streckennetz der ehemaligen RE schnell heimisch. Dabei gereicht es den Ruppinern zur Ehre, dass sie uns nie als Zugereiste oder Ausländer behandeln. Stattdessen lehren sie mich die Vorteile eines »Familienbetriebs«.
Auf dem Bahnhof Jabel sollen wir einen G-Wagen an der Mini-Güterabfertigung bereitstellen. Der Rangierschaffner befindet sich auf der Heizerseite und wir fahren bestimmt langsam. Doch unser Gespräch über irgendjemanden nimmt uns so in Anspruch, dass erst der Prellbock uns wieder jäh an unsere Pflichten erinnert. Über die entgleiste Achse des Güterwagens redet niemand; schließlich führt jeder Packwagen eine Art Aufgleisschuh mit sich. Was den zerlegten

Gleisendabschluß betrifft, so wird er durch die Bahnmeisterei als altersmäßig erneuerungsbedürftig ausgemustert und durch ein Schwellenkreuz ersetzt. Familienbetrieb!
Dann jedoch bricht der Winter herein. Er trifft das Land hart. Zum Hunger gesellt sich grimmige Kälte. Der Kohlenvorrat im Bansen schmilzt zusehends. Zwischen Neuruppin und Meyenburg verkehrt nur jeden zweiten Tag ein GmP, ein Güterzug mit Personenbeförderung. Es gibt Notmaßnahmen, und die Strafen bei Nichteinhaltung sind hart. Eine angeglühte Feuerbüchsdecke kann 25 Jahre Freiheitsentzug bedeuten. Ein Oberlokführer mit über vierzig Dienstjahren wird fristlos entlassen; er hatte 12 Briketts in seiner Tasche.
Zwei Kasten Kohle hat uns der Kranfahrer in Neuruppin bewilligt.
»Ich darf und kann euch nicht mehr geben, Männer.«
Irrsinn, mit solch einer Ladung auf die Strecke zu gehen. Hinter dem Rheinsberger Tor wirft sich der Schneesturm mit solcher Gewalt gegen die Lok, dass ich meine, wir würden stehen bleiben.
»Nicht mehr als 9 Atmosphären Druck halten. Wir müssen bis Kremmen kommen«, befiehlt mir mein Meister. So geize ich mit jeder Schaufel. Die Dampfheizung zu den Personenwagen ist abgesperrt. Wir quälen uns über die Strecke. Der Wind heult in den höchsten Tönen, wirft uns Millionen Schneeflocken entgegen, setzt sich als Raureif auf Wimpern und Brauen. Auf dem Rost fressen die Flammen in jeder Minute mehrere Schaufeln von dem braunschwarzen Gestein, dessen Vorrat immer kleiner wird. Die Bahnräumer tauchen in Schneewehen, überschütten Lokomotive und Wagen mit einem Schleier von Kristallen. Der Abdampfschlag verlangsamt seinen Rhythmus. 8 Atmosphären Überdruck zeigt das Kesseldruckmanometer an. Mein Meister schiebt den Regler bis zum Anschlag auf.
»Wie sieht's denn aus, Jochen?«
»Aus, vorbei, Feierabend!«
Eine Schneewehe stoppt unseren Zug, irgendwo, mitten im Wald zwischen Radensleben und Gnevikow. Am Zug vorbei nähert sich ein

Lichtschein, das grell weiße Licht einer Karbidlampe. Es ist Robert, der sich durch den Schnee nach vorn heranmüht. Mit der einen Hand hält er den Schirm seiner Skimütze fest, mit der anderen stützt er das Laderchemisett des Lampenhalters.

»Aus mit der Kohle, was?«, schreit er uns an.

Unser Schweigen ist ihm Antwort genug. Schwerfällig zieht sich Robert an den Griffstangen zum Führerstand empor, stampft den Schnee von den Schuhen und flucht dabei.

»Vom Streckenfernsprecher könnten wir vielleicht Vorspann…«, werfe ich vorsichtig ein, doch Robert unterbricht mich grob: »Streckenfernsprecher – Vorspann! Wer soll uns denn hier rausholen? Der Einzige, der uns hier holt, ist der Teufel!«

Er macht eine kleine Pause. Wir hören, wie hinter uns, in den Wagen, die halb erfrorenen Reisenden versuchen, die eisklammen Füße durch Trampeln aufzuwärmen. Auch auf den offenen Übergangsbrücken stehen viele, weil die wenigen Wagen überfüllt sind.

»Männer, wir müssen weiter«, bohrt Robert, »versucht's noch mal.«

»Womit denn, wie denn?«, schreie ich ihn an, »ohne Kohle? Soll ich dich rein stecken? Was meinst du, wie lange dein bisschen Fett reicht?«

Wie ein Affe rutscht Robert die Griffstangen herunter. »Lausebengel«, höre ich ihn fluchen – und damit ist er verschwunden.

»Robert dreht durch«, meint mein Meister lakonisch.

Wir haben uns gründlich geirrt, wir beiden Grünschnäbel. Ich weiß nicht, ob Robert trotz seiner Lebenserfahrung viel Überredungskunst benötigt hat oder ob die Reisenden, Leute vom Land und mit harter Arbeit von Kindesbeinen an vertraut sofort zupackten – jedenfalls beginnt wenige Minuten später der Wald um uns lebendig zu werden Trampelpfade formieren sich, zwanzig, dreißig Mann kommen aus dem Dunkel auf uns zu – mit Meterholzstücken auf den Schultern. Am Aufstieg zum Führerstand lassen sie die Enden fallen; jeder bemüht sich, dazu ein aufmunterndes Wort an uns zu richten und verschwindet so mühselig, wie er gekommen ist, wieder im Dunkel der Nacht. Mein Lokomotivführer ist hinuntergeklettert, wirft Stamm für Stamm auf den Führerstand – ich werfe Stamm für Stamm ins Feuer lasse den Bläser leicht ziehen; Funken stieben aus dem Schornstein – und bald beginnt das Manometer zu steigen.

Wohl fast eine Stunde dauert die Prozession. Dann rufe ich: »Reicht, Leute, reicht aus.«

Führerstand, Wasserkästendeckel – alles liegt voller Holzklafter. »Dreh die Heizung an, die holen sich sonst den Tod! Wir kommen schon klar«, weist mich mein Meister an.

Robert kommt als Letzter aus dem Wald, mit einem letzten Stück Holz. Mit seiner Karbidlampe hat er wohl die Holzstapel ausgemacht.

»Na, ihr Klugscheißer, wie sieht's aus?«, fragt er hoch, sichtlich erschöpft, aber mit gutmütigem Spott in der Stimme. »Wir können. Sind alle da?«

»Pfeif ein paar Mal und warte noch ein bisschen. Wenn keiner mehr kommt oder ruft, fahren wir los. Ich hebe die Lampe.«

Wir pfeifen. Mehrmals. Warten etwa fünf Minuten. Pfeifen wieder. Schließlich sehen wir Roberts Lampe. Sie hebt sich, und wir fahren los. Aus dem Schornstein kommt kein Qualm, sondern ein millionenfaches Funkenstieben, viel intensiver, als wir es von einem flachen Brikettfeuer gewohnt sind. Aber wir fahren. Die halb abgebrannten Holzstämme hüpfen in der Feuerkiste bei jedem Abdampfschlag. Ich werfe nach und im schneller werdenden Rhythmus bleiben sie schließlich liegen.

Wall, Beets-Sommerfeld. Kremmen. Velten. Endstation. Als die Reisenden an uns vorbeiziehen, blickt kaum einer auf. Das Holzladen scheint längst vergessen, weil neuer Kummer auf sie wartet.

Die ersten Briketts, die in unseren leeren Tenderkasten poltern, rühren uns an wie ein Gesang von Engelszungen. Keiner von uns beiden spricht von Robert.

»Au revoir, camarade« – oder: Über die Russen und über uns

Ja, meine gute Alte, es scheint zu stimmen, was die Philosophen und andere gelehrte Männer schon vor Jahrhunderten verkündet hatten: Nichts auf dieser Welt ist ewig, alles, was besteht ist vernünftig, aber auch wert, dass es zu Grunde geht.

»BMAG – Berliner Maschinenfabrik Aktiengesellschaft« – vormals »Louis Schwartzkopff und Söhne« steht auf deiner »Geburtsurkunde«, dem so genannten »Indienststellungsdokument«, das ein königlicher Baurat als Abnahmebeamter im Sommer 1918 in steiler Sütterlinschrift unterzeichnete. Das Amtssiegel zeigte noch den preußischen Adler; aber der hatte zu dieser Zeit schon viele Federn lassen müssen. Zwar hatte ja der Kaiser versprochen, dass er uns »herrlichen Zeiten« entgegenführen würde; doch es war wohl ein Irrtum von »SM«, und wie stets in der Geschichte musste wieder der den Krieg bezahlen, der ihn verlor. Reparationen sagen die Diplomaten dazu – was in Wirklichkeit weiter nichts als Plündern heißt.

Auch zu dir in den Schuppen kam die Entente-Kommission und entschied, dass deine neue Heimat die Region »Est« der SNCF sein würde. Der Bw-Vorsteher hatte nur bedauernd die Achseln gezuckt und gemeint, dass man nichts machen könne, schließlich wärst du ja eine der neuesten Lokomotiven.

Doch da war einer deiner Altmeister, den sie im Schuppen nur »Nico« oder den »Teufelsgeiger« nannten, nicht nur, weil ihm keine Strecke zu lang schien sondern auch weil er das Fingerspitzengefühl besaß, mit

Regler, Steuerung und Druckluftbremse so umzugehen wie ein Konzertviolinist mit dem Bogen. Im Dienst war er die Ruhe selbst, kannte auf seinen Strecken buchstäblich jede Schwellenschraube mit Vornamen. Im Kriege hatte er als erster Maschinist auf einem Torpedoboot der kaiserlichen Marine gedient, und vielleicht stammte daher seine Angewohnheit, dass der Führerstand einer Lokomotive aussehen sollte wie ein Uhrmacherladen.

Hinter seinem Rücken wurde geflüstert, dass »Nico« vermutlich zu den »Roten Kielern« gehört hätte, und einige nannten ihn sogar »Novemberverbrecher«. Solche Gerüchte prallten an Nico ab, wie das Wasser an einer Ente. Wie seine Kameraden hatte er keine Lust noch kurz vor Kriegsende »Fischfutter« zu werden.

»Jungens, das Leben ist kurz – und man ist zu lange tot.«

Als seine aufständischen Kameraden verlangten, sein Schiff sollte ebenfalls die rote Fahne hissen, habe der Kommandant aus Ermangelung einer solchen Flagge einfach den roten Stander »Z« – das Signal »Ran an den Feind« gehisst. Der revolutionäre Matrosen- und Soldatenrat war damit zufrieden, und Deutsche brauchten nicht auf Deutsche zu schießen.

Nur als die Jungen vom Revolutionsrat ihm einen Karabiner und die rote Armbinde andrehen wollten, sagte Nico »Nein«.

»Kumpel, dein Feuer hat ein Loch! Zu Hause warten die Alte und meine beiden Bengels auf mich – und meine Lokomotive auch…«

Und gerade die sollte er jetzt abgeben?

Der Gruppenleiter hatte verlangt, dass die »Abgabemaschinen« mit vollen Vorräten übergeben werden sollten, und der Oberputzer beauftragte Nico, auch die Vorräte seiner Maschine zu ergänzen.

Um an die Kohlenrampe zu gelangen, musste man auf Gleis 116 bis kurz vor den »Bock« fahren, eine Handweiche umlegen und dann wieder vorfahren. Der Bock oder Gleisendabschluß bestand aus einer massiven Betonneukonstruktion – und die vordere Pufferbohle einer P 8 ist nicht gerade die stabilste…

Nico gab zu Protokoll, dass er vermutlich beim Anfahren den »etwas überhöhten Wasserstand im Kessel« nicht genügend beachtet habe und es aus diesem Grunde zum Wasserüberreißen gekommen war.
Die Offiziere der Entente-Kommission nahmen den Vorfall gelassen und Vertreter der SNCF erklärten:
»Kein Problem, mon chef, nur eine harmlose Havarie. Außerdem, wir haben erst später festgestellt, dass diese Lokomotive durch die neue Vorwärmeranlage ein zu hohes Gewicht für unsere Bahnen aufweist. Die SNCF hätte sie sowieso nicht verwenden können.« Nico zahlte für sein unachtsames Handeln einen Betrag von 20,- Reichsmark in die Kasse des Eisenbahner-Waisenhorts, und für den Vorsteher und für ihn war die »Sache damit erledigt«. Für seine Kameraden, die anderen »Schwarzen«, war er plötzlich nicht mehr der »Rote Kieler« oder der »Novemberverbrecher« sondern ein Patriot. Ja, meine gute Alte, das war wohl das einzige Mal in deinem Leben, dass dir einer von uns absichtlich wehgetan hatte.
Doch die Zeit blieb nicht stehen, genau wie die Räder. Auch sie sind unnütz, wenn sie sich nicht bewegen. Du verlorst den Preußenadler samt Krone, Zepter und Schwert, und an seiner Stelle saß jetzt ein anderes Raubvogelgetier. Es mauserte sehr schnell sein zerzaustes Gefieder und hielt dann das Galgenkreuz in seinen Fängen. Es war die Zeit, in der ein fliegenbärtiger Österreicher seinen Amoklauf begann.
Der Mann, der dich vor über neunzig Jahren einmal auf dem Reißbrett entwarf, hieß Robert Garbe, Maschinendirektor der Eisenbahndirektion Berlin und begnadeter Ingenieur und Verfechter der Heißdampftheorie. Mit Feuereifer versuchte er, diese neuesten Erkenntnisse im Lokomotivbau erfolgreich zu praktizieren und die theoretischen Erkenntnisse von 30 % Brennstoffersparnis ließen nicht nur die Experten der Eisenbahn sondern auch die der kaiserlichen Marine aufhorchen. Seinen ersten Erfolg verzeichnete Garbe 1902 mit der Konstruktion einer vierfach gekuppelten Güterzuglokomotive, der preußischen G 8. Als erster erfolgreicher deutscher »Heißdampfer«

war sie bzw. die aus ihr weiter entwickelte G 8^1 sein »Großer Wurf«. Auf diesem »Beweisstück« der Überlegenheit des Heißdampf-Zwillingstriebwerks diente ich als Anwärter in den Fünfzigerjahren. Offiziell hieß sie 55 3266, unter uns wurde sie nur »das hässliche Entchen« genannt.

Mein Meister war ein gebürtiger »Astpreiße« der mich nur »Jongche« nannte und außerdem noch einen halben Kopf größer und doppelt so breit wie ich war. Wenn der seine beiden Hände übereinander legte und fragte: »Rate mal, was ich hier drin habe«, und ich hätte geantwortet: »ein Klavier!«, hätte er vermutlich nur gegrinst und gemeint: »Gilt nich, Jongche, du hast jeschmult«. Doch es war pures Gold, was dieser Mann in den Fingern hatte. Seinen Wahlspruch: »Heizerschweiß ist kein Himbeersaft«, praktizierte er in jeder Dienstschicht.

Dennoch, die »3266« blieb das »hässliche Entchen«. Der typische Garbekessel mit dem vergrößerten Rauchkammerring, der hohe Dampfdom, das kleine Führerhaus mit den Holzrahmenfenstern und die dünne »Rauchröhre« – der enge Schornstein, der bei Volllastfahrt ein pfeifendes Fauchen verursachte, und der etwas zu klein geratene

Tender verstärkten meine Ansicht, und als einmal auf dem Kanal der Ausschlacker fragte: »Sag mal, Meister – darf sie denn schon Wasser saufen oder kriegt sie noch Milch?«, habe ich mich fast geschämt. Zu der 52er, die auf dem Nachbarkanal gerade ihre »Innereien« entleerte, konnte ich nur noch scheu hochblicken.

Meinen ostpreußischen »Geschäftsführer« schien dies alles nicht zu beeindrucken. In seiner Heimat hätten sie in strengen Wintern – und die wären da so üblich – sogar Schnellzüge mit einer G 8 gefahren… Lieber Gott, jetzt kam wieder die alte »Ostpreußenplatte«.

Dort hatte vermutlich kein Mensch rangiert, Güter- oder Personenzüge gefahren – sondern nur Schnellzüge. Wer einmal diese Region besuchte, musste allerdings feststellen, dass es dort von Neben- und Schmalspurbahnen gerade so wimmelte. Doch das konnte heute keiner mehr nachprüfen. Und als wolle mein Meister die »Schnellzuglegende« neu aufwärmen, erzählte er mir über die »Blauen Züge«, die bekannten Verbindungen St. Petersburg–Paris und London–Oostende und zurück.

»Die Leutchen bei uns ham dat schon jemerkt. Wenn die Züje von Russland viele Salonwagen mithatten, war der Kriech nich mehr weit.« »Mit zwei ‚Jeh acht' ham die Männer die Expresszüje jefahrn, trotz Schneewehen von anderthalb Metern; de ‚Hochbeinijen' hatten sich schon zwischen Jumbinnen ond Insterburch anjeschissen, aber unsere Maschinchen jingen durch wie die Trakehner. Do weißt doch, drei Männer müssen so ein Pferdchen fest halten…«

»Ja, ich weiß, Käptn – damit es nicht umfällt…«

Hätte ich nicht den Titel ‚Käptn' angewendet, wäre mir bestimmt ein Hammer ins Kreuz geflogen, so aber begnügte er sich mit einem Schmunzeln und einem beigefügten: »Lorbass, elendicher«. Schließlich hatte man ja mal bei der Marine gedient.

Wie das so ist, man gewöhnt sich an alles, auch an das enge Führerhaus, die beiden 180-Liter-Strahlpumpen, die mich trotz aller Unkenrufe nicht im Stich ließen, und auch an das flache Führerhausdach mit dem etwas hohen, viereckigen Lüfteraufsatz, der zwar sehr nach »Nebenbahn« aussah, aber an warmen Tagen wie eine Klimaanlage wirkte. Aber wie das so bei uns ist: Mit jeder Radumdrehung versteht man sich besser, kennt die Eigenheiten des Anderen und dann wird daraus so etwas wie Sympathie. Schließlich fraßen wir beide uns gegenseitig »aus der Hand«.

Doch eines Tages schlug das Schicksal unbarmherzig zu.

1.000 Tonnen Zuglast wiesen unsere Fahrpläne aus, zuzüglich 10% Überlast. Um von Küstrin oder Frankfurt/Oder nach Berlin zu kommen, gab es nur zwei Möglichkeiten: Entweder über die Steigung vom Güterbahnhof nach Rosengarten und hoch zur »Seufzerbrücke«, um dann bis Fürstenwalde »elektrisch« zu fahren (ohne Dampf im Leerlauf) oder über das flache Odervorland hinter Werbig die Seelower Höhen bis Trebnitz zu erklimmen. Aber dort hatten sich bereits vor Jahrzehnten Shukows Armeen festgefahren und teuer dafür bezahlt.

Der Ortsteil Küstrin-Kietz bestand zur damaligen Zeit nur aus einigen halb zerstörten Häusern, einem Bahnhofsneubau, den man wegen der Grenzabfertigung buchstäblich »hochgeklatscht« hatte und einem Haus, in dem sich der Dorfkonsum mit »Waren des täglichen Bedarfs« (Nähgarn, Sockenhalter, Gummiband, unversteuerte Zigaretten aus Polen) und der ‚Russerei' befand. Dazu kam natürlich die Dorfkneipe, die den hochtrabenden Namen: »Gaststätte zur Deutschen Einheit« führte; doch an dem Namen stieß sich keiner. Wozu auch? Den Vereinssaal teilten sich die evangelische Kirchengemeinde mit der SED-Ortsparteiorganisation, der Kleintierzüchterverband mit der »Vereinigung der Gegenseitigen Bauernhilfe« nach einem gemeinsam abgestimmten Terminplan.

Die Sonne war noch nicht hinter der Oder aufgegangen, als wir auf dem mehr als primitiven Lokbahnhof von Küstrin-Kietz unsere »3266« »festmachten«. Alles war wie sonst. »Abtranen«, nachsehen ob unten noch alles dran war, was rangehört, Bremse nachstellen … da hörte ich Stimmen. Eine davon war die meines »Käptns«, die andere vermutlich die des »Bahnhofsbesitzers«. Es wäre ja nur so gekommen, weil laut Plan eine 52er als Zuglok vorgesehen sei, und man konnte ja nicht wissen, dass wir mit so einer »kleinen Katze« angerollt kämen.

»Für 1.000 Tonnen Last reicht sie allemal«, brummte mein Ostpreuße, »aber nicht für 1.200 Tonnen!«

»Na und wat nu?«

»200 Tonnen abhängen!«

Der Rotmützige war fast verzweifelt. »Meister, das ist ein Ganzzug, ein Fleischtransport, der soll nach Berlin Zentralfriedhof...«

»Zentralfriedhof? Was soll denn Gefrierfleisch auf einem...«

Mein Geschäftsführer sah auf den Fahrplan, schüttelte den Kopf. Das könne kein Schwein lesen, hörte ich. »Wahrscheinlich so ein Halbgewalkter, 4. Klasse Hilfsschule mit Abitur, Jungche, komm, versuch du mal«.

Ich sah auf den Fahrplan, verglich Kilometer und Betriebsstellen – und fand die Lösung. Nicht Zentralfriedhof sondern Zentralviehhof lautete die Anschrift des Zielbahnhofs.

An der Kohlenrampe konnten wir uns die Kohle aussuchen. Natürlich nahmen wir nur die »Hammelköppe«, und was irgendwie nach Schiefer aussah, flog beiseite. Sorgen machte ich mir allerdings um unseren kleinen Tender. Würden die 16,5 Kubikmeter Wasser ausreichen? Mein »Käptn« bemerkte es.

»Haste Sorjen, Jungche?«

»Ich weiß nicht, ob unser Wasser reicht, Käptn...«

Kopfschütteln. »Du Lorbass, Kopfrechnen schwach, Relijon jut, macht in Deutsch ne drei. Wie viele Kilometerchen sin dis bis Strausberch?«

»53, Käptn!«

»Na und? Ne zweizylindriche Lokomotive braucht auf zehn Kilometer einen Kubikmeter und sechszehneinhalb Meter ham wir mit. Heizen brauchen wir nicht, unterwegs rangieren auch nicht.«

»Aber der Trebnitzer Berg...« warf ich ein.

»Quatsch, Bengel. Wo es hochjeht, jehts auch wieder runter…«

Dann kam die Stunde der Wahrheit. Zwar hatte uns der Bahnhofsbesitzer noch um 200 Tonnen Last betrogen, doch für Proteste war jetzt keine Zeit. Dennoch prophezeite mein »Käptn«:

»Einmal, Jungche, kriech ich das Kerlchen zu fassen! Dann pack ich ihn am Zogel und dreh ihm den Kopp so rum, dass er sein Leben lang aus dem Rucksack fressen kann!«

Die Signalflügel klapperten. Ausfahrt frei! Für einen Moment nahm mein Meister seine Mütze ab und verkündete: »Mit Jott, Jungche, fier Keenich un Vaterland!«

Die Dampfpfeife der G 8 gellte. Es hörte sich an, als habe man ein fortlaufendes Ferkel am Schwanz festgehalten, dann stemmte sich die »3266« in die Stangen. Mit heiserem Röcheln stieß sie ihre braunschwarze Rauchfahne in den Himmel. Wir fuhren.

Bei mir ging alles wie auf dem Übungsplatz. Drei Schaufeln links, drei rechts, zwei hinten in jede Ecke, eine nach vorne gestreut. Feuertür zu. Gedämpftes Fauchen auf dem Stehkessel vor mir. Die Sicherheitsventile. Auf dem »Wahrsager«, dem Kesseldruckmanometer, stand der Zeiger kurz vor dem roten Strich.

Wie lautete doch die alte Heizerregel? Fängt das Kind an zu schrein – muss was rein!

Wieder auf mit der Marcotti, drei links, drei rechts, zwei in jede Ecke und eine nach vorne gestreut – und alles geht seinen Gang. »Werbig Durchfahrt«, rufe ich. Als Antwort nur ein Wink mit der flachen Hand nach vorne. Verstanden!

Durch die Überführung der Eberswalde–Frankfurter Bahn hindurch. Der Abdampf reißt Ruß und Rostfetzen von den Brückenträgern – weiter. Jetzt beginnen die Seelower Höhen. Wie viele Menschen haben hier ihr Leben lassen müssen, Deutsche und Russen? Und wofür? Die Marschälle, ob unter dem Sowjetstern oder dem Hakenkreuz, können nicht sagen, wie viel tausende von Menschenleben sie für ihre militärisch-strategisch wichtigen Operationen opferten…

In einer leichten Linkskurve steigt die Strecke westwärts an. Ich sehe nach hinten. Die lange Reihe der hellgrau gestrichenen Wagen mit dem typischen »Russendach« folgt der Maschine gehorsam – sie kann ja auch nicht anders. 45 % Füllung zeigt mir die Stellung des Kurbelgriffs der Steuerung an. Jetzt hat uns die Steigung voll im Griff. Feuertür auf, drei rechts, drei links, zwei hinten für die Ecken und zwei nach vorne gestreut. Zu den Haushalt. Ich spüre förmlich, wie die Lok ihre Kraft abgibt, höre das saubere, rhythmisch abgehackte Stampfen der Schieber. Jetzt noch eine schwache Rechtskurve und wir müssen das Einfahrsignal von Trebnitz sehen. Wenn wir dahinter sind, haben wir die Seelower Höhen geschafft. Schaufeln, pumpen, schaufeln. Auf dem Kesseldruckmanometer steht der Zeiger vor dem roten Strich und das Wasserstandsglas zeigt zwei Daumenbreite unter der oberen Mutter. »Einfahrt frei«, kommt es von der rechten Seite. Die Schippe in die Kohle auf der Schaufelbühne, raus mit der ‚Nase' aus dem Fenster. Signalzuruf erst bestätigen, wenn man das Signalbild einwandfrei selbst erkannt hat, lautet die Regel Nummer eins im kleinen Einmaleins des Lokomotivheizers. »Einfahrt frei, Ausfahrvorsignal auch frei«. Hohl belfert der Abdampf durch den Schornstein. Es hört sich an, als habe die Kapelle der Kaminkehrer-Innung zur Attacke geblasen.

Unser Tempo steigt. Das Hämmern der Radreifen auf den Schienenstößen wird schneller, man spürt wieder, dass das »hässliche Entchen« auch Tragfedern hat. Eilig schnarrt der Ölpressenantrieb.

Die kleine Steigung hoch zum Block Obersdorf. Der Zug hat jetzt so viel Eigenenergie, dass er uns fast ohne Dampf über den kleinen Hügel schiebt.

»Müncheberg Durchfahrt«, kommt es von rechts. Blick voraus durch die Frontscheiben, die ich vermutlich beim nächsten Wasserhalt einmal reinigen müsste – und dann quittiere ich: »Müncheberg durch«. Nun steht in der Vorschrift, dass beim Durchfahren von Bahnhöfen die Feuerbeschickung zu unterbleiben hat – aber da steht so viel drin…

Vor uns liegen wieder Hügel, die Ausläufer der Märkischen Schweiz. Her mit dem Löffel! Drei rechts, drei links – und so weiter. Schaufeln, pumpen. Hoch zum Kreuzungsbahnhof »Rotes Luch«, einer früheren Mülldeponie. Die Signale zeigen Durchfahrt. Volles Programm! Hinter dem Kreuzungsbahnhof geht es zwar schnurgerade, aber nur bergauf, bis zu dem Punkt, an dem an der linken Böschungsseite sieben einsame Fichten stehen. Von dort an kann uns die gesamte »Preußische Ostbahn« einmal »kreuzweise«.

Bei der Durchfahrt durch den Bahnhof Rehfelde, der letzten Station vor Strausberg, gibt mein Käptn einen kurzen Achtungspfiff.

»Was isn los?«

»Der Stellwerker hat gerade die Tafel gezeigt: Strausberg Wasserhalt!«

Als ich meinte, dass ja eigentlich der Dispatcher sein Wort gehalten habe, uns ohne Zwischenhalt… Kopfschütteln von der rechten Seite. Ob ich den Unterschied zwischen Klosettpapier und dem Versprechen von Dispatchern kennen würde, fragte mich mein Käptn. Als ich verneinte, erklärte er mir:

»Da jibts keinen Unterschied, Jungche! Versprechen vom Zugleiter und Klosettpapier sind beide für den A…!«

Nach dem Halt zunächst den Führerstand »besucherfreundlich« herrichten, Fußboden abspritzen, Fenster reinigen. Danach Wasser ergänzen. Während ich noch versonnen dem weiß·sprudelnden Etwas, das sich aus dem Ausleger in unseren Tender ergoss, zusah, weckte mich plötzlich eine kalte Dusche.

»Wenns voll ist, läufts über«, hörte ich meinen Meister lachend sagen, verbunden mit dem Hinweis, dass ich das Wasser ja noch etwas festtreten könne, dann ginge vielleicht noch etwas mehr rein… Ich konnte nur noch den Kopf schütteln. 6,5 Kubikmeter Wasser auf 53 Kilometer – und dann mit solchem Ungetüm von Zug mit einer Lokomotive, die schon über 50 Jahre alt war. Und ich schwor mir, eine G 8 nie wieder »hässliches Entchen« zu nennen.

Ja, Alte. Wenn ich dir die Geschichte von der G 8 erzähle, dann nur,

um irgend einen Grund zu finden auch einmal in deine Seele zu »kriechen« in deiner Vergangenheit »rum zu kramen«.
Nein, nicht was du denkst – ich habe dich nie »hässliches Entchen« genannt, obwohl du ja auch nicht zu Preußens »Hübschesten« gehörtest. Aber sag mal? Hattest du in Preußen eigentlich hübsche Schwestern?
Deine Existenz verdankst du dem Mann, der dich in seinen Gedanken bereits fertig konstruiert hatte. Robust, zuverlässig, nicht zu teuer in der Anschaffung und Unterhaltung und universelle Einsetzbarkeit verlangte er, und einmal soll Robert Garbe auf einer Sitzung der Lokomotivkonstrukteure erklärt haben:
»Meine Herren, wenn sie durchaus schöne Formen sehen wollen, dann müssen sie ins Ballett gehen, aber nicht in Lokomotivbauanstalten.«
Mit der G 8 hatte Robert Garbe sein Meisterstück in unsere Schienenwelt gesetzt, die Zuverlässigkeit und Wirtschaftlichkeit der Heißdampf-Zwillingslokomotive unter Beweis gestellt. Nun ging er daran, seine Grundideen auch im Reiseverkehr in die Tat umzusetzen. Bereits 1902 erblickte eine 1 C-Lokomotive mit der Bezeichnung P 6 das Licht der Welt, doch es wurde ein Flop. Was den Begriff »Hässlichkeit« anbetrifft, war sie der G 8 noch weit überlegen. Es war eine Lokomotive, die bereits äußerlich vor Verlegenheitslösungen strotzte. Die angestrebte Höchstgeschwindigkeit erreichte sie infolge mangelhaften Massenausgleichs nie, der vor der Laufachse angebrachte Vorwärmer machte die Lok stark »buglastig«, und bereits nach kurzer Betriebszeit wurde sie von den Direktionen in den untergeordneten Nebenbahndienst in Pommern und Ostpreußen abgeschoben. Dort hielt sie sich allerdings lange Zeit, dort war ja nichts zu verderben.
Trotz des Fehlschlages mit der Baureihe P 6 blieb Garbe optimistisch. Diesmal wählte er die Achsfolge 2 C mit 1.750 mm Raddurchmesser. Sie sollte eine Höchstgeschwindigkeit von 100 km/h erreichen und für schnell fahrende Züge eingesetzt werden. Daher war auch die Vorderwand des Führerhauses »windschnittig« konstruiert.

Doch schon sehr bald bemerkte auch Robert Garbe, dass die Windschneidekanten am Führerhaus einer Maschine mit 1,75 m Kuppelraddurchmesser doch den Verdacht einer ungewollten Hochstapelei erweckten. Also weg damit und dafür das Führerhausdach in Richtung Tender verlängert. Das brachte den Vorteil, dass der ‚Linksaußen', der ‚Maat' oder auch der ‚Kohlenknecht' besser vor den himmlischen Wassergüssen geschützt war.

Wie der Mensch muss auch eine Lokomotive ihre »Kinderkrankheiten« durchstehen. Es gab Probleme mit dem Masseausgleich des Triebwerkes, den Schiebern. Außerdem erforderte die Einführung der mehrlösigen Durckluftbremse einen zweiten Hauptluftbehälter. Zuerst begnügte man sich mit einem zweiten Behälter in der Form des Ersten, der seinen Platz zwischen den Rahmenblechen hatte, doch die »Tonne« war selbst für preußische ‚Schönheitsabstinenzler' unansehnlich und wurde durch einen schlankeren ersetzt. Auch die Hängeeisensteuerung wich einer mit Aufwerfhebel und Kuhnscher Schleife. Damit erhielt die Maschine Schwingenträger aus Stahlguss mit den für eine P 8 typischen beiden ovalen Schau- bzw. Montageöffnungen. Sie erhielt außerdem die auf den Umlauf aufgesetzten und mit der Rauchkammer verstrebten Windleitbleche – übrigens die gleiche Form, wie man sie später bei der preußischen S 10^1 verwendete – und damit ihr klassisches Gesicht. So wurde aus der P 8 nicht nur eine europäische Universallokomotive sondern die meistgebaute 2 C – die Amerikaner sagen »ten wheeler« dazu – der Welt.

Ja meine Alte. Der Unterschied im Alter ließ sich bei uns nicht verbergen. Als man uns beide »zusammensperrte«, haben nicht wenige gesagt: Mit den Beiden wird es nie etwas. Du warst auf unserem Eisernen Weg, den wir ja doch nie verlassen konnten, bereits eine erfahrene Frau – und auf meinem Lokomotivführerpatent war die Tinte noch nicht allzu lange trocken. Doch du hast meine Unerfahrenheit in Kauf genommen, hast mich nie im Stich gelassen. Vielleicht hast du gedacht: Der Junge lernt mit jeder Radumdrehung.

Dabei hattest du auch alles andere als eine freudvolle Jugend gehabt. Kaum die Kinderschuhe abgelaufen, begann für dich der Ernst des Lebens. Jenseits der südlichen preußischen Landesgrenze, des »Weißwurstäquators« lauerte bereits die Konkurrenz von der Isar und die bajuwarischen Ingenieure konnten auch mehr, als nur ihre »Stullen« essen. S 3/6 nannten sie ihre Schöpfung, und die brachte auch ehrliche 1.000 PS mehr auf die Schiene als du. Tempo 120 lief die »Weißblaue« mit der Ruhe eines Schweizer Uhrwerks, und nach der Ankunft der Nachtschnellzüge mit ihren Kurswagen aus Österreich und Italien konnte man getrost die Uhr stellen.
Vom preußischen Halle ab jedoch begann für dich die Stunde der Wahrheit, und die flachen, geraden Strecken zeigten deutlich, dass 25 cm mehr am Raddurchmesser, mit einer entsprechenden Kesselleistung verbunden, eben doch mehr sind als nur »Schuhplattler« und »Brotzeit«. Nach dem Wasserhalt in Wittenberg musste man den Labetzer Berg angehen, als säße der Leibhaftige auf der Tenderbrücke; doch dafür konnte man sich das »Rohreblasen« schenken. Bei der Abfahrt vom Block Klebitz hinunter nach Zahna oder hinein in die Senke von Jüterbog nach Grüna-Kloster Zinna müssen die Männer öfter gedacht haben, der Tender wolle die Maschine überholen… So ist es eben, wenn Kesseldruck gleich Schieberkastendruck sein muss.
Dann die Schlussetappe, die Überfahrt über den Landwehrkanal, durch die Hochbahnüberführung hinein in das Hallengewölbe des »Anhalters«. Dort wartete bereits einer der »Hutmacher«, einer der Maschinenkontrolleure, erkenntlich am Lodenmantel und Jägerhut und zeigte vorwurfsvoll das Zifferblatt seiner Taschenuhr.
»Sieben Minuten«, meinte der Mann nur.
Als sich der Meister verteidigte und erklärte, dass dies kein Fahren mehr sei sondern ein Abschlachten der Lokomotive, erhielt er als Antwort nur ein Schulterzucken. Der Fahrplan wäre eben ein Gesetz. »Gesetz, Gesetz – natürlich muss man es einhalten, aber fassen sie mal einem nackten Mann in die Tasche!«

Es war eben so. Für die Bayern war die »Weiß-Blaue« das Gleiche wie das Zündnadelgewehr der Preußen bei Königrätz. Wie immer mussten die Soldaten in der vordersten Linie die Versäumnisse ihrer Feldherren mit der eigenen Haut bezahlen.

Jahrzehntelang war die Zwilling-Heißdampfmaschine bei Preußens Eisenbahnen das Tedeum gewesen, hatte man teure Kröpfachsen und den verwickelten Steuerungsmechanismus mit ihrem hohen Unterhaltungsaufwand gescheut wie der Teufel das Weihwasser, und nun überraschte Preußen die Eisenbahnwelt mit einer Neuschöpfung, die genau die gleichen Eigenschaften aufwies, jedoch an Stelle des Verbundtriebwerkes eine Vierzylinder-Frischdampfmaschine, einen Dampfverschwender ersten Grades, aufwies. Mit einem Raddurchmesser von 1980 mm sollte diese Lokomotive ein echter »Renner« sein, den man auf der Turiner Weltausstellung 1911 präsentierte – sie erwies sich jedoch als Preußens größter Kohlenfresser.

Doch dich, meine Alte, sollte das wenig kümmern. Soll doch die Eisenbahn sehen, wo sie ihre Kohle herbekommt. Für dich war die Schinderei beendet – dachten du und deine Männer. Es sollte anders kommen.

In den Zwanzigerjahren hatte ein New-Yorker Werbemanager herausgefunden, dass die Züge der Hochbahn ein ideales, sehr bewegliches Werbetransparent sein können und damit Millionen verdient. Selbstverständlich bedienten sich auch die Politiker dieses Werbemittels. An Windleitblechen konnte man neben den Hakenkreuzen auch die Losung: »Ein Volk – ein Reich – ein Führer« lesen. Später stand an den Tenderwänden: »Räder müssen rollen für den Sieg!« , doch der ließ auf sich warten. Im Februar 1945 erließ das Reichsverkehrsministerium, dass das gesamte »hochwertige« Maschinenmaterial in Richtung Westen abzufahren sei. Es blieb nur noch der Schrott übrig.

Und dann kamen die Russen. Sie hatten vorsintflutliche Autos und Wagen mit struppigen Pferden davor. Deren Mähne sah aus wie das Fell eines Schäferhundes, den man wochenlang nicht ins Haus gelas-

sen hatte. Außer der Sprache hatten die Russen auch andere Sitten und Gebräuche. Als Sieger nahmen sie von den übrig gebliebenen Schrottmaschinen mit, was sie meinten gebrauchen zu können – und sie konnten so ziemlich alles gebrauchen.
Allerdings hatten sie an einer P 8 kein Interesse. »Für Russland nix gutt – Lokomotive zu klein…«
Ja, das wusste ich schon. In der Russerei war eben alles größer, besser. Sie hatten mir aber nicht gesagt, dass im »Vaterland der Werktätigen« in Ermangelung von Traktoren und Pferden selbst Frauen vor den Pflug gespannt wurden, natürlich »freiwillig«.
Es war wie nach jedem Krieg, Ausschreitungen, Plünderungen, Vergewaltigungen. Auch die ehemaligen KZ-Lager wurden nicht abgerissen. Viele der Insassen wussten überhaupt nicht, warum man sie eingesperrt hatte. Wenn einer täglich mit den Russen zusammenarbeiten muss, erlernt man auch schnell ihre Sprache. Meine ersten Sprachkenntnisse erstreckten sich auf Flüche und Schimpfworte, wobei Begriffe wie »Hurensohn, Mädchenschänder oder Satansenkel« noch die salonfähigsten waren, aber das Schimpfen war in russischen Militärkreisen einfach unumgänglich und vor allem – es half.
Wenn auch im Mai 1945 in Deutschland fast alles kaputt gegangen war – eins hatte überlebt: Die Bürokratie. Und dagegen war selbst die Rote Armee machtlos. Ohne Dokumente, natürlich mit Stempel, kein Öl, keine Schrauben, auch wenn sie noch so klein waren, und auch nicht eine Tonne Kohle. Im Bw gab es einen deutschen Vorsteher, aber der hatte oder traute sich nichts zu sagen. Zwar hörten die Russen den Begriff »geht nicht« auch nicht gerne, aber im Gegensatz zu unseren Leuten waren sie geduldige und sachkundige Zuhörer. Und wenn es im Gewirr von Vorschriften und Direktiven scheinbar keinen Ausweg zu geben schien, reichte nur die Bemerkung: »Na gut! Wenn ihr mir nicht helfen wollt, geh ich eben zu den Russen!« Das reichte aus um selbst den störrischsten Amtsschimmel im Verwaltungs- und auch im Parteiapparat auf Trab zu bringen.

Diesen provokanten Satz gebrauchte ich auch gegenüber so einem »Berufsrevolutionär«, einem Mitarbeiter der »Politischen Verwaltung«. Das waren solche Genossen, die sich selbst als unmittelbare Nachfolger von Marx, Engels, Lenin oder zumindest Stalin hielten und deren Reden so mit Fremdworten gespickt waren, dass man sie nicht verstand. Es wäre eine Unverfrorenheit von mir ihm anzudrohen, sich über ihn bei den sowjetischen Freunden zu beschweren. Schließlich wäre er aktiver Widerstandskämpfer gewesen, fauchte er mich an.

»Widerstandskämpfer? In welchem KZ warst du denn?«

Na, im KZ sei er nicht gewesen, aber er habe illegal gearbeitet.

»Aber erwischt haben dich die Nazis nicht. Hast eben Glück gehabt.«

Es ist immer so. Wenn ein Regime zu Grunde geht, erscheinen sofort unzählige »Widerstandskämpfer« auf der Bühne, und alle waren sie aktiv dagegen. Ich frage mich nur, wie bei so viel Widerstand der Fliegenbärtige in der Müllkutscheruniform sechs Jahre Krieg führen konnte und ein saarländischer Dachdecker vierzig Jahre schalten und walten und dabei ein ganzes Land ruinieren konnte.

Ein paar Tage danach wurde ich zum Vorsteher gerufen. Als der mich sah, hatte er gleich einige Falten mehr auf der Stirn.

»Mensch, Junge, wat hast du denn da wieder angestellt? Wir müssen beide sofort zum Russen. Du sollst da einem von den »Kardinälen« der Polit-Verwaltung furchtbar auf die Zehen getreten haben…?«

»Der kann mir mal.«

»Sag das nicht. So schnell wie die die Zunge raus haben, kriegst du gar nicht die Hose runter.«

Der Bw-Kommandant war ein Ingenieur-Kapitän der Eisenbahntruppen und vor dem Krieg auf der Finnland-Bahn gefahren. Über nachlässig ausgeführte Reparaturen konnte er fluchen und schimpfen wie ein Kapitän auf der Newa, doch wenn Not am Mann war, eine Maschine nach der anderen den Geist aufgab, brachte er es fertig für die Reparaturkolonne pro Mann noch ein großes Brot, ein Pfund Speck und zwei Schachteln »Kasbeck« oder »Bjelomorkanal« Papyrossi auf-

zutreiben. Woher, wusste niemand – und es interessierte auch keinen. Ich sah, dass er gerade meine Personalakte bei der Hand hatte. Die »Berufsrevolutionäre« hatten also schon zugeschlagen. Doch Nikolai, so hieß der Kommandant mit Vornamen, lächelte. Ob er eigentlich wisse, was für Lokomotivführer er beschäftige, fragte er den »Alten«. Der erwiderte nur, dass ich meinen Dienst immer ordentlich versehen hätte, immer fleißig, zuverlässig – nur mit dem Mundwerk immer voraus... »der sagt doch immer was er denkt«.
»Nu Chef, was daran schlimm? Eto prima.«
»Natürlich ist das in Ordnung – aber vorteilhaft ist es nicht für ihn.«
Dem Russen schien es Freude zu bereiten, seinen deutschen Geschäftspartner Schritt für Schritt aufzuklären.
»Chier, du selber lesen! Kommandobefehl von Generalmajor Kwaschnin, Chef der Eisenbahntruppen mit Unterschrift und Stempel, deine Maschinist war als Transportkommissar der Roten Armee eingesetzt. Alle Militärdienststellen hatten Anweisung, ihn bei der Lösung seiner Aufgaben zu unterstützen. Hier ist ein Brief vom Landratsamt. Man bedankt sich bei der Bezirkskommandator für die Unterstützung durch den Kommissar »Wanja« beim Einbringen der Ernte...«
Der »Alte« sah über seine Brillenränder zu mir. Was ich da schon wieder angestellt hätte...
»Nichts weiter, nur so einen alten Bulldog wieder flott gemacht«.
»Wie denn?«
»Der Zylinderkopf war gerissen, und ich hab einen neuen rauf gesetzt.«
»Und wo hattest du den her?«
Ein Seufzer von mir. »Vom Autofriedhof aus Spandau«.
»Und womit hast du den bezahlt?«
»Mit vier Aale, janz große Burschen, aber selbst geangelt«.
»Hattest du denn einen Angelschein?«
»Nö, wieso?«
»Und die Polizei hat nichts gesagt«, wollte der »Alte« wissen.
»Doch!«

»Na was denn?«
»Guten Abend, Genosse Kommissar!«
»Sag mal, Wanja«, meinte der Kommandant, »auf deine Veranlassung soll in der Gemeinde Marke ein Sergeant der Roten Armee einen Schmiedemeister festgenommen haben. Was war denn da?«
Mein Gott, lässt sich denn bei den Russen absolut nichts unter den Teppich kehren?
»Das war keine Festnahme« verteidigte ich mich. »Wir wollten die Lokomobile in Betrieb nehmen«.
Ich sah, wie unser Vorsteher zusammenzuckte. »Eine Lokomobile?«
»Ja, Chef, die Bauern haben sie gebraucht für den Dreschkasten, das Korn war mehr als reif, und uns war das Regelgestänge gebrochen, daher brauchten wir einen Schmied zum Feuerschweißen. Als der Sergeant erklärte, der Kommissar müsse mit ihm reden, drehte der Schmiedemeister durch und wollte weglaufen – da hat der Rotarmist ihn festgehalten. Einwandfreie Arbeit hat der Schmiedemeister geliefert und hat auch volle Verpflegungsration bekommen.
»Wie alt war denn die Maschine«, wollte der Vorsteher wissen.
»Nun, das jüngste Mädchen war sie ja nicht mehr. Es war eine »Vulcan« Maschine, ich glaube Baujahr 1912 oder 1914.«
»Du weißt doch, dass nach solcher Zeit die Feuerbüchswände angebohrt und auf Stärke geprüft werden müssen…?«
»Haben wir gemacht!«
»Und dann muss der Kessel eine Wasserdruckprobe erhalten!«
»Haben wir auch getan!«
»Wie denn? Mit einem Gartenschlauch?«
»Das hat die freiwillige Feuerwehr getan, die haben einen Magirus mit Vorbaupumpe, die bringt den Druck!«
Der »Alte« seufzte: »Die Mafia ist ein Dreck dagegen…«

Kohleprämie

Zu den wertvollsten Stücken meiner Lokomotivsammlung zählt die Baureihe 91. Neben der 84er war diese Lokomotive wohl eine der detailliertesten Ausführungen, die die Modelleisenbahnindustrie vor 25 Jahren auf die Schienen stellte.

Mein Heimat-Bw Lichtenberg wäre heute mit seinem damaligen Fahrzeugbestand ein Mekka der Dampflokomotivfreunde. Noch deutlich erinnere ich mich an die preußische T 9, eine 1 C-gekuppelte Lokomotive, die auf der Strausberg-Herzfelder Eisenbahn gedient hatte und nun auch zu unserem Lokomotivbestand gehörte.

Als junger Lokomotivführer ist man zunächst Ausputzer und hat all die Dienste zu leisten, von denen man die älteren Herren gerne entlastet. So gelangte ich mit einer 91er auf die IAB, die Industrie-Anschluss-Bahn. Es war dies eine Strecke, die sich vom alten Bahnhof Berlin-Lichtenberg in einer für uns mörderischen Steigung am Bahnhof Magerviehhof vorbei bis zur Abzweigung Friedrichsfelde hinzog. Dort teilte sich die Strecke. Nach rechts ging es nach Marzahn (Richtung Werneuchen, Tiefensee), in der Mitte erfolgte die Zuführung zum damals noch eingleisigen Berliner Außenring und links ab ging es zur IAB.

Diese Abzweigung war die letzte Stelle, an der man auf der IAB ein Hauptsignal erhielt – dann war die halbwegs zivilisierte Schienenwelt zu Ende. In einem großen Halbkreis, fast alle nördlichen Randgebiete Berlins streifend, ging es durch Rieselfelder, Kleingartenanlagen und

enge Häuserschluchten, wo man abends und morgens ungestört fremdes Familienleben beobachten konnte, nach Nordwesten. Zwar konnten wir auf dieser Schiene kein Halt zeigendes Signal überfahren – es gab keine Signale – dafür bereiteten die zahllosen Wegübergänge und schienengleichen Straßenkreuzungen andere Sorgen. Vor jeder Straße war anzuhalten.

Der Zugführer, der Rangiermeister, Kuppler, Wagenmeister und Weichenwärter zugleich ist, schaltet die Warnblinkanlage ein. Normalerweise müsste jetzt der Straßenverkehr stoppen – aber weit gefehlt. Zuerst nimmt uns ein dreiachsiger Doppelstockbus respektlos die Vorfahrt. Ein Straßenbahnzug, geführt von einem Mitteleinstiegtriebwagen, scheint einen farbenblinden Fahrer zu haben – auch er donnert vorbei.

Das war nur eine Seite. Die andere Seite waren die Weichen. Weichensignale schien die Niederbarnimer Eisenbahngesellschaft – der diese Anlagen einst unterstanden – für überflüssig gehalten zu haben. Und selbst wenn noch Überreste davon vorhanden waren, konnte man sich auf ihr Bild nicht verlassen. Und verschlossene Weichen gab es bei den unzähligen Anschlüssen gleich gar nicht.

Die T 9, auf die ich kommandiert bin, ist buchstäblich »Rolls Royce Ältere Linie«. Das Dampfläutewerk, die Erfindung eines Herrn Latowski, ist mir noch von der Lokfahrschule her bekannt. Bei der Luftpumpe bekomme ich jedoch das Grübeln: Wo ist denn der zweite Luftzylinder? Die kleinen grauen Zellen wirbeln durcheinander und schließlich fällt mir ein, dass es einst auch einstufige Luftpumpen gegeben haben soll!

Auf dem Führerstand erlebe ich die nächste Überraschung: Keine Zusatzbremse – aber dort, wo sonst der Griff des Führerbremsventils zu finden ist, befindet sich ein Gerät, das an einen zu groß geratenen Sandstreuer erinnert. Du lieber Himmel – Führerbremsventil Bauart Knorr mit Flachschieber! Mann, was ist denn da noch? Ach so, hat keine Ausgleichvorrichtung – man entlüftet die Leitung über einen großen Querschnitt direkt ins Freie, wie bei der Schnellbremse. »Aber so etwas gibt es nur noch im Museum, damit braucht ihr euch nicht zu befassen«, hatte uns der Lehrer damals versichert. Dass sich die Schmierpresse für die Luftpumpe auf dem Führerstand befindet und von Hand betätigt werden muss, stört mich schon nicht mehr.

Dem Linksaußen scheint meine Verwirrtheit überhaupt nicht aufzufallen. Ob ich denn keinen Rucksack mithabe, will er wissen. »Rucksack? Wozu?«

»Na Meesta – für Kartoffeln und Körner und Mohrrüben.«

Der Mann hat Sorgen! Mich interessieren – im Moment jedenfalls – keine Kalorien, sondern mich beschäftigt, wie ich mit diesem Untier überhaupt aus dem Schuppen herauskomme. Doch die Scheibe überwinden wir – mithilfe der Handbremse – ganz gut. Auch an das Klappern der Flachschieber im Leerlauf gewöhne ich mich.

Auf dem Bahnhof Berlin-Weißensee lerne ich unseren Zugführer kennen, ein uraltes Inventar. Was tut es, dass auf dem Bremszettel nur Zugnummer und Datum stimmen – einen solchen Lotsen muss man bei sich haben, wenn man auf der IAB bestehen will. Nie hätte ich gedacht, dass es zwischen Hohenschönhausen und Nordend so viele

Anschlüsse gibt. Mir scheint, als habe hier jeder Klempner seinen eigenen Gleisanschluss.
Beim Heranfahren an die erste Wagengruppe im Anschluss Eisenhandel versuche ich mein Glück mit dem Führerbremsventil. Es zischt zwar furchtbar und die T 9 macht einen Buckel, doch die Puffer stehen noch einen drei viertel Meter auseinander.
»Lass sin, Meesta – det mach ick mit dem kalten Regler«, belehrt mich mein Mitarbeiter und packt den Griff der Wurfhebelbremse. Und – was ich nie geglaubt hätte – er bremst damit auf den Millimeter genau!
Was wir aus den Anschlüssen zusammengeholt haben, bauen wir auf dem Güterbahnhof Weißensee schließlich zu einem Zug zusammen, setzen uns an die Spitze – und dann geht es los. Zweimal über die Rennbahnstraße; du lieber Gott! Ein Schultheiss-Wagen-Lenker gibt trotz Rotlicht und Pfeifen seinen beiden breithintrigen Belgiern unbekümmert die Zügel frei. Die eisenbereiften Räder rattern Funken stiebend über den Übergang wie einst Napoleons Kanonen durchs Brandenburger Tor.
»Halt deine Zossen das nächste Mal fest, sonst machen wir Buletten aus die!«, rufe ich ihm wütend nach und drohe mit der Faust hinterher. Der Zugführer klopft mir beruhigend auf die Schulter. »Gewöhn dich dran, Meesta – hier ist det imma so«.
Ohne weitere Zwischenfälle gelangen wir bis Heinersdorf. Kleingartenkolonien rechts und links, blühende Obstbäume und mehr als spärlich bekleidete Berliner Göhren. Laubenpieperinnen schimpfen wie die Rohrspatzen, weil wir ihnen mit unserem Rauch die aufgehängte Wäsche verschmutzen.
Den größten Teil unserer Wagen sollen wir nach Blankenburg bringen. Auf der Steigung, die in einer Rechtskurve hoch zur Reichsbahn nach dem Bahnhof führt, muss ich die T 9 ganz schön aufknöpfen. Magst du auch nicht schön ausgesehen haben, alte T 9, mag deine Stimme durch den Nassdampfatem etwas unscharf gewesen sein – aber gezogen hast du. Und das auf dem wackligen Kiesuntergrund! Das Ge-

schick, über wacklige Schienenstöße, holprige Weichen und sonstige Unebenheiten so gekonnt hinwegzuhüpfen, hatte keine außer dir!
In der Ladestelle Niederschönhausen befahren wir einen Anschluss zu einer Eisenhandlung mit dem vielsagenden Namen »Erich am Ende«. Kurz nachdem wir halten, höre ich ein Palaver zwischen dem Zugführer, meinem Linksaußen und einer dritten Person, die ich nicht kenne. Der Zugführer meint:
»Ick würde ja, Justav, aba der Fahrplan…«
In diese Bedenken kräht der Heizer hinein:
»Und wenn der Meesta nu mekkat, wer is denn dranne – icke.«
Die dritte Person, vermutlich der Eisenhändler, versichert beruhigend:
»Mit den Kumpel wird ooch zu reden sinn.«
Ich stelle mich taub und kontrolliere die Lager. Doch als ich auf den Führerstand zurückkehre, finde ich an meinem Platz zwei Schachteln »Aktive«, wie die echten Zigaretten damals genannt wurden. Als Gegenleistung laden Heizer, Zugführer und Eisenhändler in trauter Gemeinsamkeit Winkeleisen auf den Wasserkasten meiner Lokomotive. Sollen sie, hier scheinen eigene Gesetze zu herrschen und Wasser werden wir immer nehmen können – wie aber sollen wir mit unserem rasch abnehmenden Kohlevorrat wieder nach Hause kommen? An der Kleingartenanlage »Daheim« meint mein Zugführer: »Halt mal an!«
Ich bremse und er pfeift kurz-kurz-lang. Minuten später ist das Winkeleisen verschwunden. Wir fahren weiter. Vorbei am Bolle-Sportplatz, am Nordgraben.
»Meesta, nu mach uff«, vernehme ich die Stimme meines Linksaußen. Es geht hoch an der ehemaligen Fasanerie, an Rosenthal vorbei, nach Lübars. Hier gibt es einen Hydranten auf dem Bahnhof nebst dazugehörigem Standrohr und Schlauch.
Unsere T 9 löscht ihren Durst. Danach geht es weiter durch die Rieselfelder in leicht südwestlicher Richtung, unter eine Art Viadukt hindurch auf den Bahnhof Wittenau zu. Wir fahren am alten Waldpark Steinberg vorüber, lassen wiederum eine Laubenkolonie an unserer

rechten Seite liegen, finden kurz vor Tegel einen alten Gefährten, den Nordgraben, wieder, kreuzen unter einer Brücke die Gemeinschaftsstrecke nach Velten. Das Fachwerkgestell der Mühle knarrt beachtlich und ich schwöre mir: »Nie wieder fährst du hier drüber!«

In Tegel Hafen drängt der Zugführer furchtbar auf Eile, schaut mehrmals auf die Uhr, meldet uns für Tegel Bahnhof vor. Dort haben wir nichts zu suchen, eine eigene Rangierlokomotive verrichtet dort alle anfallenden Arbeiten. Doch wie es der Zufall will – ich halte es zunächst für einen Zufall – ist die Rangierlokomotive gerade unterwegs um Anschlüsse zu bedienen. Und – hast du nicht gesehen – ist unser Zugführer mit uns an einer Wagengruppe. Noch haben sich die Puffer nicht berührt, klettert er auf den ersten Wagen und ruft: »Na los, Männer, auf wat wartet ihr…« und beginnt Steinkohlebrocken in unseren Kohlekasten zu werfen. Wir füllen unseren Kohlekasten. Und jetzt ist mir auch klar, warum IAB-Lokomotiven nie zum Kohleladen kommen. Das Geschäft basiert auf Gegenseitigkeit: Wir erhalten Kohle und erledigen dem Gaswerk ein paar Umstellarbeiten, die sie sonst recht umständlich von Hand hätten bewerkstelligen müssen.

Ich bin nur zehn Tage auf der IAB gefahren. Aber zum Ende meines Dienstes habe ich zwei Kügow-Brote, ein ganzes Karnickel, zwei Schachteln Aktive, drei Bund Mohrrüben und für das Monatsende eine Kohleprämie von 160,- Mark zusätzlich in der Tasche. Als ich das Geld kassieren will, steht mein Mitarbeiter neben mir und macht die charakteristische Handbewegung.

»Wat is'n?«, frage ich.

Der Handbremsenbediener und Spezialist für Kleingartenbeziehungen meint nur ungerührt:

»Alfred sein Anteil!«

»War det ausjemacht?«

»Is für alle, die auf der IAB fahren, obligatorisch.«

Nun ja, es waren halt harte Zeiten, in denen viel »organisiert« wurde, nicht nur auf der IAB.

Strafversetzt

»Meister, vor zum Ausschlacken«, hatte der Kollege von Schlackensumpf gerufen. Ich kam. Plötzlich knirschte es – und der Ausleger des Wasserkranes hatte seine ursprüngliche Form eingebüßt. Schon kurze Zeit später meinte der B-Gruppenleiter, dass ich mich nun erst einmal »bewähren« müsste. Wer schon als junger Lokomotivführer Wasserkräne umfährt, versucht es anschließend mit Prellböcken…

Heute kann ich reinen Gewissens behaupten, dass es mir gelungen ist, dies erfolgreich zu vermeiden.

Als Bewährungsfeld hatte die Dienststelle für mich einen Einsatz auf der ehemaligen »Strausberg-Herzfelder Eisenbahn« vorgesehen. Es war dies eine ehemalige Klein- und Privatbahn am Rande des Oderbruchs. Sie bestand aus einer eingleisigen Strecke, 22 Kilometer lang, mit drei Unterwegsbahnhöfen. Und es gab auch eine Lokomotive, die 91 6281, eine dreifach gekuppelte Tenderlokomotive mit vorderer Laufachse und 50 Kilometern pro Stunde Höchstgeschwindigkeit. Die ELNA-Lokomotiven waren in den Zwanzigerjahren aus der Bestrebung heraus entstanden für die vielen Nebenbahnen Einheitsbaureihen zu schaffen, um die zahllosen Sonderkonstruktionen abzulösen, die in außerordentlicher Typenvielfalt, dabei aber in geringen und geringsten Stückzahlen und in der Unterhaltung entsprechend unwirtschaftlich, das Bild bestimmten.

Die ELNA war robust, hatte eine Achslast von 12 bis 14 Tonnen, einen

Kesseldruck von 12 atü und einen Kuppelraddurchmesser von 1100 mm. Für ihr charakteristisch bulliges Aussehen war vor allem der kleine Kohlekasten an der Führerhausrückwand verantwortlich. Der kurze Schornstein verlieh ihr das hohlheisere Bellen der Abdampfschläge. Der Abdampf von Lichtmaschine und Luftpumpe ging durch Rohrleitungen am Schornstein ungedämpft ins Freie und verursachte das typische Kleinbahngeräusch.
Die ELNA war anspruchslos in der Feuerführung. Mit 1,4 Quadratmetern Rostfläche verdaute sie nicht viel. Empfindlicher waren die beiden 125-Liter-Strahlpumpen – sie wärmten rasch durch. Die Betriebsführung auf dieser Nebenbahn war unendlich einfach. Hauptsignale waren nicht zu beachten – es gab auch keine. Auch der Fahrplan war kein Dogma und die Unterwegsaufenthalte zum Rangieren wurden nach Bedarf ermessen. Auch Gegenverkehr konnte uns nicht gefährden – wir waren stets der einzige Zug, weil es nur unsere Lokomotive gab. Probleme hätten sich lediglich an den vielen legalen und illegalen Bahnübergängen ergeben können, aber es hatte sich in der Vergangenheit mehrfach gezeigt und schließlich herumgesprochen, dass bei Zweikämpfen zwischen Eisenbahn und Lkw letztere stets den Kürzeren gezogen hatten.
Schließlich und endlich ist auch noch darauf hinzuweisen, dass auf solcher Art Eisenbahn das Lokomotivpersonal nicht allein Lokomotivführer und Heizer ist, sondern gleichzeitig Kohlelader, Schlosser, Ausschlacker und Wagenmeister. Um Hilfe zu rufen, wenn es »zu dicke« kam, hatte keinen Zweck, denn es war niemand da, der einen Hilferuf hätte hören können.
Hier also mustere ich an. Mein Heizer versucht mich nach bestem Wissen mit dem Unumgänglichen vertraut zu machen. Er verweist auf die Besonderheiten unseres Gefährts, erklärt mir die Rangieranschlüsse und nennt mir die Stellen, an denen wir unterwegs nicht zum Halten kommen dürfen. Dabei hobeln wir geschäftig hin und her und plötzlich haben wir einen Zug zusammengestellt, der mich ernsthaft

zweifeln lässt, ob er noch etwas mit einem GmP zu tun hat: An der Spitze ein dreiachsiges grünes Monstrum mit einem Fenster und einer Schiebetür an jeder Seite. Lediglich aus der Tatsache, dass Fahrräder und einige Kisten eingeladen werden, lässt sich ableiten, dass es ein Gepäckwagen sein muss. Ihm folgen ein Dreiachser mit Oberlicht, Baujahr 1895 und ein Zweiachser, der in keinem Museumskatalog zu finden ist. An diesen Reisezugteil schließen sich die Güterwagen an: Kohle, Zement, einige Kessel, dann Platten. Den Schluss kann ich nicht erkennen. Als mir der Zugführer – in Personalunion Schaffner, Rangierleiter und Weichenwärter – den Bremszettel heraufreicht, hole ich tief Luft. Bevor ich jedoch ein Wort hervorbringen kann, belehrt mich der mit den Gepflogenheiten der Strausberg-Herzfelder seit Jahrzehnten Vertraute: »Ja, ja, ich weiß ja, Meister, ist ein bisschen mehr, aber das ist bei uns öfter so. Die von der Reichsbahn haben zuerst immer Angst – aber das gibt sich.« Und zum Heizer gewandt: »Du weißt ja, wie's langgeht.«
Der Linksaußen nickt, greift sich den Löffel und verschreibt der ELNA eine Ladung, die sie meiner Meinung nach nie verdauen wird. Die Luftpumpe stampft, stößt pfeifend ihren Abdampf in den Himmel und die beiden »Ramsbottom« beginnen zu säuseln. Abfahren!
Na, denn. Die Dampfpfeife schrillt. Vorsichtig den Regler aufgeschoben … Roch – roch – roch macht unsere ELNA, stolpert zweimal – und zieht an. Ungläubig blicke ich nach hinten. Das kann doch nicht wahr sein. Wir haben schließlich fast das Doppelte der Buchfahrplanlast am Haken. Wie kann diese kleine Katze das Ende in Bewegung setzen?
»Pfeifen, Meister«, mahnt mich mein Heizer, »die von der BHG mit ihren LKW's fahren wie die…«
Ich pfeife. Die Lokomotive zwängt sich durch die Weiche, legt sich in die Kupplung wie ein Pony vor einem Möbelwagen, schlingert, nimmt wie ein Schaukelpferd jede Unebenheit (und davon scheint es sehr sehr viele zu geben), mahlt sich über den verschlammten Bahnübergang und läuft schließlich in eine Senke. Ich spüre, wie der Zug stößt.

»So, Meesta«, höre ich meinen Gefährten, »nu aber uff den Regler, allet raus, wat drin is.« Die Warnung kommt zur rechten Zeit. Die harmlose Senke kann zur bösen Falle werden. Die Erbauer der Bahn haben mit jedem Pfennig gegeizt, an jedem Kubikmeter zu bewegender Erde wurde gespart. Wo bei der Hauptstrecke Dammaufschüttungen und Einschnitte eine tunlichst ebene Fahrbahn schaffen, verläuft hier die Kiesbettung über jede Bodenwelle hinweg oder bestenfalls drumherum.

Schon knapp 300 Meter nach dem Abfall in die Senke beginnt die Steigung – und eine scharfe Rechtsbiegung. Jeder, der vorn gefahren ist, weiß, wie stark solche Krümmungen klemmen können.

Ich gehe mit der Steuerung nach vorn, gebe 50 Prozent Füllung. Die ELNA stampft, poltert, reißt Ruß und Rauchfetzen aus dem engen Schornstein. Die Radreifen kreischen im Gleisbogen. »Zu wenig, Meesta! Allet, wat drin is!«

Volle Füllung. Es scheint mir, als wolle es die ELNA zerreißen, als würden jeden Augenblick die Roststäbe ein Schlagzeugsolo an die Rauchkammertür trommeln. Das hohle Belfern der Abdampfschläge gleicht einem Röhren. Knirschend fährt die Schaufel in die Kohle. Die Feuertür fliegt auf. Weißglut auf dem Rost. Ich denke, wie Recht der Heizer hatte. Der Zug klemmt, die Geschwindigkeit fällt auf 30 … 25 … 20 km/h. Die Strahlpumpe gurgelt. »Lass sie jetzt nicht trampeln!«, schreit mir der Heizer zu. »Wir müssen sonst nach Strausberg zurückdrücken!«

Der Sandstreuer faucht in meiner Hand. Nur noch 15 km/h! Immer langsamer poltern die Abdampfschläge, hallen von der Wand der Kiefernwaldschneise wider. Braunschwarze Rauchfahnen ziehen in die Baumkronen.

Noch 10 km/h. »Lass mich nicht im Stich«, flüstere ich – da lichtet sich der Wald vor uns, der Brechpunkt ist nahe, noch 100 Meter, noch 50, noch 20 – Kriechgang. Und dann …

Die ELNA streckt ihre Nase wieder abwärts. Hennickendorf!

Das Knirschen der anfassenden Bremse ist Musik für meine Ohren. Vorsichtig blicke ich zur linken Seite hinüber, zu dem Mann, den ich mit meiner Unerfahrenheit fast in die Knie gezwungen habe. Ich gehe zu ihm, die drei Schritte auf die linke Seite. Feuer für zwei Zigaretten. Wir sehen uns kurz an. Ein leichtes Grienen beginnt sich in seinem Gesicht zu zeigen, ich zucke entschuldigend die Schultern. Er winkt ab: »War ja'n bisschen happig heute. Aba für eenen von de Reichsbahn is et janz gut jeloofen.«
Wir hängen ab, rangieren, bedienen die Anschlüsse, spannen wieder vor den GmP und weiter geht es, nach Lichtenow. Jetzt ist die Strecke fast eben und unsere ELNA absolviert die Pflicht wie eine Kür.
Auf dem Wendebahnhof nehmen wir Wasser. Der Kran wäre es wert, im Märkischen Museum aufgestellt zu werden. Doch er gibt Wasser und das ist die Hauptsache.
Unterdessen ölen wir die Maschine ab. Während ich die Verschraubungen der Stangenlagerölgefäße öffne und gleichzeitig kontrolliere, ob an unserer Eisenbahn noch alles dran, fest und kühl ist, was dran, fest und kühl zu sein hat, fragt mein Linksaußen mit leichtem Erstaunen in der Stimme und ins Hochdeutsche verfallend:
»Ist das bei der Reichsbahn immer so?«
»Was?« Ich sehe, wie er sorgsam die Ölnadel abwischt und prüft, ob sie leicht in der Bohrung gleitet.
»Na – bei uns ölen die Lokomotivführer nicht ab.«
»Die Zeiten ändern sich eben«, erwidere ich, »und außerdem: Vier Augen sehen mehr als zwei.«
Die Antwort scheint ihn zu überzeugen.
Wir treiben uns den Rest des Tages weiter auf der »Herzfelder« herum, bedienen Ziegeleien und Kiesgruben, stellen unseren Rückzug zusammen. Die ELNA läuft geschäftig hin und her, ist willig, die Arbeit geht gut von der Hand, man sieht, wie man etwas schafft. Mit Verblüffung stelle ich fest, dass mir die Kleinbahn Spaß macht.
Unmittelbar vor der Rückfahrt nach Strausberg. Unser Zug ist auch

diesmal nicht gerade leicht, aber es geht ja jetzt bergab und außerdem habe ich bereits einige Stunden Betriebserfahrung.
»Hast du nicht Lust, eine Weile hier zu bleiben Meister?«
»Warum nicht? Scheint ganz in Ordnung zu sein bei euch.«
»Na gut, dann red ich mal mit unserem Chef. Der will zwar keine Reichsbahner, aber wenn ich ihm sage…«
»Von mir aus – ich fahre zu Hause sowieso wild. Und außerdem hab ich was ausgefressen.«
»Was denn?«
»Einen Wasserkran umgefahren.«
»Ach du meine Güte! Was meinst du, wie oft wir diesen Kran hier schon beiseite geschoben haben. Wer ihn umfährt, muss ihn wieder richten. Übrigens: Ich heiße Willi.«
»Ist in Ordnung, Willi. Ich heiße Jochen.«
Zwei Tage später erhielt ich die dienstliche Mitteilung, dass ich bis auf weiteres in der Außenstelle Strausberg Dienst zu verrichten hätte.
Böse war ich darüber nicht.

»Stromschienenmieze« und »Rußfunzelkutscher«

Wer sich das alte, noch nicht stilisierte Streckennetz auf dem Plan der Berliner Stadt- und Ringbahn ansieht, braucht nicht viel Phantasie, um festzustellen, dass seine Umrisse einem Hundekopf gleichen. In Stralau-Rummelsburg, heute Ostkreuz, beginnt die Nackenpartie. In nordwestlicher Linie zeichnet sie den Rücken, um dann von Greifswalder Straße über Prenzlauer und Schönhauser Allee in Hinterkopf und Nasenrücken überzugehen. Fast geradlinig verläuft die Strecke dann bis Jungfernheide, um von dort aus in einem scharfen Bogen nach Süden einzuschwenken. Dort befindet sich jetzt auch die Nasenspitze unseres »Fiffi, Männe, Maxel« oder wie er sonst auch immer heißen mag. Hinter Westkreuz schwenkt die Strecke wieder südwestlich ein und zeichnet damit den Unterkiefer unseres Vierbeiners nach. Nicht zu Unrecht heißt ein dort angrenzender Stadtteil und ein dort befindliches S-Bahnbetriebswerk auch »Hundekehle«. Weiter in östlicher Richtung überquert die Ringbahn bei Papestraße und Schöneberg die Wannsee- und die Anhalterbahn, um dann, hinter Sonnenallee scharf nördlich einbiegend, hinter Treptower Park und der Spreebrücke wieder zu ihrem Ausgangspunkt nach Stralau-Rummelsburg/Ostkreuz zurückzukehren. Die Gleise der Stadtbahn und der Nord-Südlinie teilen dieses Netz in vier ungleichmäßige Abschnitte und zeichnen damit die Linien der Ohrgehänge unseres vierbeinigen Kameraden nach.

Knapp vierzig Kilometer lang soll der »Ring« sein, hatten mir

Eingeweihte verraten. Ich habe es nie nachgerechnet. Geblieben ist mir jedoch die Erinnerung, dass die Ringbahnfahrer immer die »Leute vom Hundekopp« genannt wurden.

Es gibt Dienste, da schmeckt einem am Tag zuvor schon kein Abendbrot mehr. Man braucht nur die Zugnummer zu hören und weiß, welche Quälerei einen dabei erwartet. Doch schlimmer ist der so genannte »disponible Einsatz«, da kennt man nur die Zeit des Dienstbeginns, das Ende ist immer fraglich. Die »Schwarzen« und ihre »Eisenbahn« sind dabei Freiwild für die »Leute mit dem papiernen Gehirn«, den so genannten »betriebsleitenden Stellen«. Sie dachten langsamer, als unsereiner fuhr – und dann auch noch verkehrt. Mehr als einmal bedauerte ich offen, dass es ein Segen gewesen wäre, hätte der »Führer« über solche »Streckenkommandeure« verfügt. Der Zweite Weltkrieg wäre für Deutschland nach 14 Tagen beendet gewesen.

Auch in dieser Nacht war die Dienstschicht wieder auf 17 Stunden angewachsen. Durchgefroren und übermüdet macht man nur das Notwendigste für die Ablösung und verflucht dabei sämtliche Eisenbahnen und alle Lokomotiven der Welt. Telefonisch nach dem nächsten Dienst erkundigen und dann war der »Hammer« gefallen.

Die S-Bahn, es war der A 14, »Vollring über Gesundbrunnen«. Das Dienstabteil war menschenleer und eiskalt. Ich fluchte lautstark über das »Eisbärenfreigehege« und vollführte unbeholfene Sprünge zum Aufwärmen. Das »Hufgetrappel« meiner Filzstiefelabsätze musste wohl die Aufmerksamkeit des Triebwagenpersonals erregt haben, denn die Tür zum Führerstand hatte sich geöffnet, und jemand sah um die Ecke ins Dienstabteil.

Ich hörte den spitzen Aufschrei einer jungen Frau und sah die Triebwagenführerin, die sich erschrocken am Türrahmen festhielt.

Das erste, was mir auffiel, war, dass sie strohblonde Haare und braune Augen hatte. »Ich dachte, hier steht ein Neger«, stotterte sie. »Klar, Mädchen, einer von der Goldküste aus ner Kannibalensippe, aber keine Angst, Eisenbahner fressen wir erst vom Oberrat aufwärts.«

»Warum das«, wollte die Schaffnerin, eine Kollegin mit grauen Haarsträhnen unter dem Käppi, wissen.
»Ist doch klar, Mutter, die sind doch alle so schön schleimig und haben kein Rückgrat.«
Unter dem Wagenboden das Hämmern der Radreifen auf den Schienenstößen, das S-Bahn-typische »Jammern« der Tatzlagermotoren.
An der defekten Heizung vom Dienstabteil hätten sie beide keine Schuld, erklärt mir die Strohblonde. Es wären noch die alten Siemens-Wagen und da hätten einige eine Macke. »Immer wenn einige Triebwagen als führendes Fahrzeug im Zug liefen, würde die Heizung eine »Grätsche« machen. »Aber sonst funktioniert alles.«
Wir sind schon hinter der Schönhauser Allee und rollen auf den nördlichen Scheitelpunkt des »Ringes«, die »Plumpe« zu.
Unbemerkt sind wir dabei von einer Welt in eine andere gefahren. Niemand hat es bemerkt. Es fällt erst auf, weil die Polizisten andere Uniformen tragen, die Reklameflächen schreiender und bunter sind, aber die Gesichter der Schichtarbeiter, die aus der Nachtschicht kommen und nach Hause wollen, sind im Westen genau so blaß und abgezehrt wie im Osten.
»Wie bist du denn zur »Blechbahn« gekommen?« fragte ich das Mädchen.
»Tja, wie das so ist. Vater ist in Afrika gefallen und Mutter hat bei der AEG gearbeitet. Hätte sie damals im September '44 Nachtschicht gehabt, wäre ihr gar nichts passiert. Keine Bombe fiel auf die Fabrik, aber die ganze Badstraße mit ihren Mietskasernen, in denen nur die armen Teufel hausten, ging in Flammen auf......«
Ich sehe nach vorne.
»Du...Wedding! Der Bahnsteig...«
Schnellbremse, Lösen, Nachfassen. Genau an der »H«-Tafel, unmittelbar vor der Brücke Müllerstraße, hält der Zug.
Ein kurzer Seufzer von der rechten Seite. »Danke, Schwarzer! Man

soll die Vergangenheit in Ruhe lassen, wenn man den Kopf und beide Hände für die Gegenwart braucht.«
Weiter über Putlitzstraße, durch die Jungfernheide.
»Na und wie gings weiter?« wollte ich wissen.
»Schneiderin wollte ich werden – aber mit meinem Zeugnis haben alle abgewinkt. Dann bin ich zur S-Bahn gekommen, zum Besengeschwader, hab anderer Leute Dreck weggeräumt. Später kam ich zu den Wagenreinigern. Das war schon etwas Besseres. Ich war immer pünktlich, hab nie gebummelt, und vielleicht haben sie mich deshalb zu den Schaffnern gesteckt.« Mein Lehrmeister war früher auch auf einem »Dampfer« gefahren. Viele mochten ihn nicht, weil er sehr streng war, aber wer wollte, konnte säckeweise von ihm lernen. Eins hat er mir aber immer eingetrichtert: »Mädchen, in unserem Fach irrt man sich nur einmal!« Er hatte bestimmt auch seine Finger mit drin, dass ich mit zu den ersten Mädchen gehörte, die zum Triebwagenführer ausgebildet wurden.«
Die Nasenspitze unseres Hundekopfs hatten wir bereits umfahren, rollten über Westend/Witzleben auf Westkreuz zu. Unvermittelt fragt mich die »Elektronenbändigerin«: »Sag mal, Meister, wo wolltest du eigentlich aussteigen?«
»Aussteigen, ich?… na, in Schönhauser Allee…«
Gelächter im Führerstand. Die Strohblonde lacht so hell, dass es mich beinahe an die Glocke am Weihnachtsbaum erinnert, wenn ich zur Bescherung ins Zimmer durfte, und dazu kichert die Schaffnerin: »Nach Schönhauser Allee kommen wir heute auch noch«. Ich sehe, wie die Frau etwas ungläubig den Kopf schüttelt und dabei murmelt: »N' Meesta von de »Rußfunzel«, der sich uffn Ring verfährt? Det jibs doch nich!«
Ich sehe zur rechten Seite. Das Mädchen hinter dem Fahrschalter sieht kurz zu mir hinüber, hebt fast unmerklich die Achseln an und blinzelt mir mit einem Auge zu. Doch ihre Mitarbeiterin hat es bemerkt.
»Ihr braucht beede jarnich mit die Oojen zu telejrafieren. Meent ihr

denn, ihr könnt ne olle Berlinersche uffn Leisten kloppen? Du, Lisa, hast ne Birne wie Osram, bei den Jungen sieht man det nich, der is zu dreckich im Jesicht, aba det bringt sein Jeschäft so mit sich…«
»Aber Hedwig«, stottert das Mädchen »sieh mal, der Jochen…«
»So! seinen Vornamen kennst du auch schon…«
»Hat er mir ja gesagt, und es geht ihm genau wie mir. Er hat auch niemand…«
»…und er hat dia jefracht, ob du ihn nich heiraten willst, wa?«
»Na nich so direkt, aber…«
»Chefin«, meinte ich zu der Schaffnerin, »ich hab doch nur gefragt…«. Die S-Bahn-Mutter fällt mir ins Wort. »Chefin is die da drüben, die »Unjeratene«, aber von dia, Meesta, will ick wissen: willste iha nu haben oda nich?«
»Ja, natürlich, ich hatte doch nur…«
»Du hast »ja« jesacht und ick kann det beschwören. Sei jut zu det Meechen, et hat et vadient… Aba nu dalli! Jrapscht eure Piselotten zusammen. Et kommt jleich Papestraße und wia müssen doch den Zuch tauschen.«
Die Ablösung stand schon an der anderen Bahnsteigseite. Es war ein »165er«, ein echter Stadtbahner, mit BBC-Schaltung und Hubmagneten. Als die Hedwig die Fahrsperrenprobe ausgeführt hatte, fragte Lisa:
»Kannst du mir einen Gefallen tun, Hedwig?«
»Na klar, wat denn?«
»Fährst du mal ein Stück für mich? Ich glaube, ich weiß nicht, ob mir die Hände oder die Knie mehr zittern…«
Die S-Bahn-Mutter fährt einen »harten Stil«, zeigt personifizierte Praxis. Als sie den Bahnsteig Herrmannstraße mit etwas reichlich Tempo angeht, bin ich schon der Meinung, dass jetzt »Anker werfen« auch nicht mehr hilft. Statt dessen bekommt der Zug kurz vor dem Bahnsteig »kernig« mit der Schnellbremse »eins vor den Kopp«, dann auslösen, sofort wieder mit der Luft nachfassen – und das Führerstandfenster steht vor der Haltetafel. Dann sieht sie kurz zu mir hoch

und fragt: »Is wat, Meesta?« Anstelle meiner Antwort erklärt sie mir, dass sie nur einmal zeigen wollte, dass man auf dem Ring auch bei der Blechbahn auf die Minute fahren kann… und meint dann zu der Strohblonden: »Hat sich dein Tatterich nu jelecht? Kann ick ja vastehen, kommt schließlich nich alle Tage einer vorbei und fragt dia, ob du ihn nich heiraten willst…«
»Du, Heti, das hat er ganz lieb gesagt, tausendmal schöner als im Kino!«
»Kino? Kientopp ham wa fast jeden Tach bei die Blechbahn, aba nu, meine Kleene, weht ein andrer Wind. Jetzt is nischt mehr mit'n

Brotkasten, aus den de Mäuse mit vawehnte Oogen rauskieken. Oda dreimal de Woche hintananda Katoffelsuppe oda Bratwurscht – blos, weilt schnell jeht. Ooch mit'n Trauschein spielst du zu Hause imma nur die zweite Jeije, die erste jeht imma an die Dame in Schwarz. Du kannst zu Hause vor Erkältung bellen wie'n Kettenhund, dein Mann jibt dia vielleicht in Löffel Hustensaft oda reibt dia ein… Wenn seine »Schwarze« aber irgend so ein Wehwehchen hat, dann wälzt er dicke Bücher, kramt sein Privatwerkzeuch zusammen und wenn du selbst sein Lieblingsessen auf den Tisch stellst, denn stochert er nur drinne rum. Is det nich so, Meesta? Sach doch mal ehrlich?«
Ich sage lieber nichts. Die S-Bahn-Mutter hat ja Recht.
In Sonnenallee wechseln die beiden Frauen ihre Plätze. Die »Mutter« war der Meinung, wenigstens zur Ablösung solle sie ihr »Geschäft« alleine verrichten. Ich stehe noch im Türrahmen zum Führerstand. Lisa muss an mir vorbei, unvermittelt bleibt sie stehen, sieht mich an. Ihre Augen sehen aus wie dunkler Bernstein. Plötzlich spüre ich zwei Hände an meinem Nacken und einen Kuss auf den Lippen, einen kurzen, scheuen Mädchenkuss. »Das war das Dankeschön für vorhin und weil Du das so schön und so einfach gesagt hast!«
Die »Mutter« spielt die Entrüstete. »Elisabeth, wenn das die Leute sehen? Stell dir vor, wenn da so ein Spießer steht, der sagt bestimmt: »und die Eltern so anständige Leute«, ertönt es zweistimmig. Klopfen an der Führerstandscheibe. Einmal: Türen schließen, zweimal: Abfahren!
Die Motorritzel fassen die Zahnräder. Unter dem Wagen dröhnt die Stahlkonstruktion der Spreebrücke. Die Nase des »Rotblonden mit den Stummelhörnern« zeigt wieder nordwärts. Erneut wird er auf der nächsten Runde auf dem »Hundekopp« seine Pflicht erfüllen. Dass er heute, ohne es zu wissen, Schicksal gespielt hat und zusammengeführt hat, was zusammengehört, weiß er nicht.
Wenn zwei so junge »Spunte« wie Lisa und ich ihre paar Brocken zusammenschmeißen und beschließen, zusammenleben zu wollen, weil

eben eins und eins zwei sind, folgt in der Regel eine Überraschung der anderen. Dass ihre Wohnung nur aus Stube und Küche bestand und im Hinterhaus, allerdings mit den Fenstern zur Südseite lag, hatte sie mir schon erzählt.

Gleich neben dem Tor zum Hof befand sich ein kleiner Laden. »Milch, Bäckerei und Molkereiprodukte / Emma Kapischke« verkündete das Blechschild über dem Schaufenster, das noch deutlich die Spuren der Kampfhandlungen aus den letzten Apriltagen des Jahres 1945 aufwies. Drei gusseiserne Stufen führten zum Laden.

Lisa erklärte mir, dass sie ja noch einkaufen müsste. »Ich glaube, ich habe gar nichts zu Essen im Haus« und als sie mein verdutztes Gesicht sah, setzte sie schnell hinzu: »Kommt bestimmt nie wieder vor, Großer«. Frau Kapischke hatte die Statur der Germania auf dem Niederwalddenkmal. Die Arme vor der Brust verschränkt, begrüßte sie Lisa.

»Morjen, Lisa, meine Kleene. Bist spät dran heute, is wat nich jelofen?« Mich schien sie nicht zu beachten. Stattdessen holte sie unter dem Ladentisch eine graue Emaillekanne hervor. »Det is doch dat Wichtichste, Meechen, die Milch für die kleene Jule. Det arme, kleene Ding, hoffentlich weent se nich. Mensch, den kleenen Fratz könnt ick den janzen Tach knuddeln…«

Irgendetwas kam mir komisch vor. »Eine kleine Jule, die die Kapischke den ganzen Tach knuddeln wollte…?«

Als Lisa nun auch noch ein halbes Tausendgramm-Brot kaufen wollte, platze ich dazwischen. »Nich ein halbes kleines Brot, sondern ein ganzes großes, aber nur von »Kügow« oder Heinersdorfer Mühle.«

Der Blick der Kapischke war mehr als der von drei bösen Schwiegermüttern.

»Erstens sind se noch nich dranne, se sehn doch, det ick erst det Frollein hier bediene und zweitens jeht ihnen det nen Dreck an, wat die junge Frau hia inkooft…«

»Nicht doch, Tante Emmy!« Mit beiden Händen gestikulierend, stopp-

te das Mädchen den unmittelbar bevorstehenden Wutausbruch der »Germania«. Sie beugte sich über den Ladentisch und flüsterte der »Milchpanscherin« etwas ins Ohr. Die Kapischke rollte die Augen und musterte mich mit einem »Raubmörderblick«. Ich hörte, wie sie zu der Strohblonden sagte: »Wat denn, den?«
Die nickte so heftig, dass ihre Haarsträhnen durcheinander wirbelten und wie zur Bekräftigung griff sie unter meinen Arm und legte das Gesicht an meine Schulter. »Und den halt ich auch fest, ganz doll«, erklärte sie dabei.
Doch die »Milchpanscherische« war immer noch mißtrauisch. Ob da irgend »etwas wäre...«
»Wie soll denn da wat sein, Tante Emmy? Ich weiß doch erst seit drei Stunden, dass es »Ihn« überhaupt gibt...«
Wieder Getuschel zwischen den beiden Frauen. Dabei sah ich, wie der »Kapischken« der Unterkiefer herabklappt, sie erschrocken die Hände zusammenschlug und »mein Jott« hauchte. Sie rieb verlegen die Hände an ihrer Kittelschürze. »Ick jlobe, ick muß ma entschuldjen bei Sie. Ick ha jedacht, sie sind eena von die ‚Brikettluden' vom Nordbahnhof, von die Brüda, die da abends imma in die Kneipe von Trümmakutte rumsaufen... Kennen sie die Opiumhöhle?«
Hinter mir standen sechs Frauen in der Warteschlange, alles Hausfrauen, die ja bekanntlich nie Zeit hatten. Daher meinte ich, die Damen hinter mir würden schon lange warten. Sie sollte doch erst die Kundinnen bedienen, aber die schienen es überhaupt nicht eilig zu haben. Übereinstimmend erklärten sie mir, dass sie volles Verständnis für mich hätten. Einkaufen würde bei Männern immer länger dauern.
Doch es war nicht nur reine Menschenfreundlichkeit, die die Ansicht der Kundinnen geformt hatte. Der Kiez zwischen Ring- und Hochbahn, zwischen Pappelallee und Schönhauser hatte so etwas wie eine »Informationsbörse«, auf der man alles über jeden erfahren konnte, und täglich schwärmten die Informationen ein und aus. Eine Zeitungs-

redaktion war ein Dreck dagegen. So war es auch völlig normal, dass die Geschichte von Lisa und mir sofort »rum« war.
»Ham se det schon jehört, wat da los wa in det Haus wo die Kapischke ihr'n Laden hat?«
»Nee, azähln se mal!«
»Na, da wohnt doch een Meedchen, ne, besser jesacht ne junge Frau, bei der S-Bahn is se, fährt hier ooch uffn Hundekopp – na bestimmt ham se die schon jesehen, so eene jroße mit lange blonde Haare...«
»Ick jlobe, ick erinnere mia. Is det die mit die hübschen braunen Oogen, die Anita heißt?«
»Lisa heißt se, aba die is et. Stellen sich ma vor. Die fährt mit ihre S-Bahn und da steicht eena in von de Fernbahn, von die Dampflok. Natürlich schwarz wie een Schornsteinfeja und durchjefroren ooch. Jutmütich wie det Meedchen is, jibt se ihm von ihrn Kaffee aus de Thermosflasche ab. Ne dreiviertel Stunde fährt der mit ihr mit und die schnattern beede üba allet Möchliche und plötzlich...«
»Ach mein Jott, kann ick mia schon denken – der übafäll iha und würcht se... Diese Scheißkerle...«
»Kulicken... Wissen se, wat se sind? Sie sind fernsehblöd! Det war nich Jack, der Bauchaufschlitzer und ooch nich der Witwenmörder von Soho und der hat det Meedchen weda beklaut noch jewürcht, sondern iha nur jefracht ob se sich nich beede zusammenschmeißen wollen...«
»Na und nu?«
»Wat heißt nu? Nu wohnen die beeden zusammen, wern heiraten...«
»Wann denn?«
»Weeß ick nich, aba ick krieje det raus.«
»Doll find ick det. Sehn se, det sind die Jeschichten, die nur det Leben schreibt.«
»Kulicken, ick jebs uff mit sie.«
Auf diese Art und Weise müssen wohl später die Paparazzi entstanden sein.
Dank der Hilfe der »Milchladengermania« war auch endlich etwas

Ordnung in das Gewirr meiner noch vorhandenen Zusatzreisemarken gekommen. Wäre ich zehn Tage später damit gekommen, wären sie verfallen. Missbilligend den Kopf schüttelnd brummt sie, dass das über zwei Kilo Butter seien, die ich sonst zu HO-Preisen kaufen müsste.
»Det is doch der doppelte Preis – und so dicke habt iha beede det doch ooch nich. Holt euch ab, wat iha braucht. Mit di Fleischmarken hab ick det jenau so orjanisiert, jleich schrech rüba bei den »Katzenschlächta…«
»Katzenschlächter?«
»Der wird nur so jenannt, weil a son Fimmel für Katzen hat. Zwee Kata hat der zu Hause. Beede zusammen werden wohl üba dreißich Pfund wiejen. Wenn die beede vor die Haustür sitzen und et kommt eena mitn jroßen Hund, jeht die Töle von allene rüba uf de Promenade. Beim Frieder, so heeßt der Schlächtameesta – eijentlich ja Friedrich, aba wo der herkommt, aus Tschechisch-Sachsen, heißen die meisten Männa ja Aujust, ham sie ihn Frieder jenannt – und bei den ist denn eua Fleesch deponiert, im Kühlschrank, da könnt iha euch abholen, wat iha braucht. Sachst nen schönen Jruß von mia und det looft allet…«
Eine große Papiertüte stellte sie mir auf den Ladentisch. Die solle ich mitnehmen. Da wäre mein bestelltes Brot drin, magerer Speck, ein bisschen Wurst und Käse. Bezahlen sollten wir am nächsten Tag, aber am Abend müsste ich kommen und mich im Hausbuch eintragen. Sie sei hier so etwas wie der »Haussowjet«, und alle sechs Wochen käme der »Sheriff«, der »ABVer«, vorbei und würde die Einhaltung der Meldeordnung kontrollieren. Die Papiertüte unter dem Arm, wollte ich gerade den Laden verlassen, als mir was einfiel. »Sagen sie bitte, Frau Kapischke, die Lisa wohnt doch im Quergebäude im dritten Stock. Was steht denn da für ein Name an der Tür?«
»Na der von die Lisa.«
»Ich meine nur, die wird doch noch einen anderen Namen haben?«
»Meistens sage ick »meine Kleene« oder »Scheißerchen« zu iha«.
»Und offiziell?«

»Offiziell hört die junge Dame auf den Namen Frollein Kukuck?«
»Kukuck?«
»Ja, Kukuck. Weeß die Kleene wenichstens, wie du offiziell heißt?«
Keine Antwort ist auch eine. Die Kapischke schüttelt den Kopf. Ernsthaft heiraten wollen und nicht einmal wissen, wie der Andere heißt.
»Ham wa vajessen, Frau Kapischke.«
»Vajessen, vajessen«, murmelte die Milchpanschersche. »Vor lauta Jlück, det der linke Schuh den rechten jefunden hat, is bei euch Beede ne Loofmasche int Jehirn uffjejangen.«
Sie gab mir einen Klaps auf die Schulter. »Mach, det de nach oben kommst – und vajiß nich: Kukuck!«
Ich fand den »Kukuck« und auch das kleine »Julchen«, für das die Morgenmilch bestimmt war und die sich als eine noch nicht drei Monate alte, kleine Katzendame erwies. Lisa hatte sie im Treppenhaus gefunden und dem Tier ein Zuhause gegeben. Der kleine »Stubenlöwe«, graugetigert mit weißen Pfötchen und ebensolchem Latz, sah mich zuerst neugierig an und strich dann, erwartungsvoll schnurrend, mit erhobenem Schwanz um meine Füße.
Sein »Frauchen« meinte, dass sie die Welt nicht mehr verstehen würde. »Sie geht sonst auf jeden Fremden los und beißt«. Wenn die Kassierer von der BEWAG oder GASAG kämen, um die Zähler abzulesen, würden die vorher immer fragen, ob die Katze auch eingesperrt wäre...
Für diese Bemerkung strafte die Samtpfote ihr »Frauchen« mit Nichtachtung. Sie drehte ihr demonstrativ den Rücken zu und sah zu mir hoch. Es war mir, als würde sie mir dabei mit einem Auge zublinzeln und mir sagen: Lass die mal reden. Wir beide machen doch, was wir wollen, und das »Spinnrad« surrte weiter.
Die Papiertüre, in der mir die Kapischken die Lebensmittel eingepackt hatte, stellte ich auf den Küchentisch.
»Was is'n dis, Großer?«

»Was zum Essen, Mädchen! Ich glaube, wenn ich jetzt nicht bald etwas »zwischen die Zähne« bekomme, passiert der erste Fall von Menschenfresserei hier im Prenzelberg. Wir machen uns Rühreier, das geht schnell, und dann muss ich ja auch noch zum »Haussowjet«, muss mich doch eintragen…«
»Das kannst du doch auch morgen…«
»Kann ich nicht, Mädchen! Ordnung muss sein, auch wenns an jeder Ecke Schlamperei gibt. Aber du könntest mal schnell ein paar Zwiebeln abpellen, so dreie, viere…«
In der kleinen Blechschüssel, die sie aus der Speisekammer holte, befanden sich nur zwei Exemplare dieser völlig normalen Gewürzpflanze; es waren noch nicht einmal große.
»Mehr sind nicht da«, hörte ich Lisa kleinlaut.
»Wird schon reichen, schäl mal schon ab.«
Ich sah, dass dem Mädchen die Tränen über die Wangen kullerten und meinte, es käme von den Zwiebeln. Über die Schulter hinweg erklärte ich, dass sie die Zwiebeln möglichst klein schneiden solle, und man müsse sie ganz schwach braun anbraten, damit…
Als ich darauf keine Antwort erhielt und mich umsah, bemerkte ich, dass die Tränen nicht vom Zwiebelpellen gekommen waren.
»He, Mädchen, was is'n los?«
Als Antwort nur ein Schluchzen und ein leises: »Haste mal n'Taschentuch, Großer?«
Ich hatte eins, sogar ein sauberes. Mit einer Hand die Schulter des Mädchens streicheln und sie beruhigen, mit der anderen ihre Tränen abwischen; zwei Hände hat man als Mensch ja nur.
Obwohl mir die Ursache des Gefühlsausbruchs von ihr nicht klar war, hatte mir dafür mein Magen eines unmißverständlich gemeldet: Hunger! Die Pfanne mit dem halbwegs gelungenen Rührei vom Gasherd genommen und auf den Küchentisch gestellt und von dem Drei-Pfund-Brot zwei daumendicke Scheiben heruntergeschnitten und dabei erklärt, dass wir jetzt nur noch zwei Gabeln brauchten.

»Wollen wir denn zusammen aus der Pfanne essen?«
»Was ist daran verwerflich? Mach dir keine Sorgen, ich lass dir schon genug übrig. Die Hauptsache ist, es schmeckt dir!«
»Na und ob. Wunderbar hast du das hinbekommen, Großer.« Allerdings, setzte sie hinzu, das erste gemeinsame Abendessen habe sie sich eigentlich anders vorgestellt.
»Dann steckst du einfach ne Wachskerze an, knipst das Licht aus – und ich sing dir dann die »Caprifischer« vor...«
»Ach hör doch auf, mich zu verscheißern. Weißt du überhaupt, in wen du dich heute morgen verkuckt hast?
»Mädchen! Damit du gleich klarsiehst: Vergucken kann ich mich überhaupt nicht. Der eisenbahneigene »Brillendoktor« hat mir bestätigt, dass ich mit meinen Augen eine Eule, die sich im finsteren Wald verlaufen hat, wieder sicher zu ihrem Stammbaum zurückbringen würde.«
»Junge, hör bitte auf mit Witzen, dazu ist die Sache zu ernst!« Ihrem Tonfall nach zu urteilen, war sie es wirklich.« Det Meechen, wat du jefracht hast, ob et sich nich mit dia zusammenschmeißen will, weest du, wat die Olle is? Eene blöde Kuh, eine total dusslige Zicke, ne Quasselstrippe, die mit ihr'n Hintan mehr umreißen als mit beede Pfoten uffbauen kann, vastehste det?«
Natürlich verstand ich gar nichts, doch sie bemerkte es.
»Denk doch mal an die Milchkanne, Junge!«
»Da war doch die Milch für die Katze drin!«
»Du wusstest doch gar nicht, dass ich eine Katze zu Hause habe.«
»Stimmt, das konnte ich nicht wissen.«
»Siehste, und denn bist du los und wolltest saubere Sachen aus deiner Wohnung holen und ick saß da, wieder alleine und habe gedacht: Den Jungen siehst du nie wieder...«
»Aber warum denn so etwas?«
»Weil so ein »Dampferkapitän« einfach kein »Doofer« sein kann und auch nicht die Erbsen mit dem Hammer isst. Der wird sich gedacht ha-

ben, die Olle hat sich was Kleines angeschafft und sucht nun einen Vater dafür. Wie eine Verrückte bin ich dir hinterhergelaufen und wollte dir alles erklären – aber du warst schon weg. Alles aus, alles vorbei, noch bevor es richtig begonnen hatte.«

»Ich hätte es fertigbekommen und wäre mit ner Bimmel durch den Lokschuppen gelaufen und hätte dich gesucht. Aber welchen Schuppen? Es gibt doch so viele und wie du richtig heißt, wusste ich auch nicht.«

Ich meinte nur, dass es anderen Leuten auch schon so ergangen wäre. Einen großen Topf hatte das Mädchen auf den Herd gestellt. »Was kochst du denn da?«

»Wasser!«

»Wozu?«

»Zum Waschen!«

»Und was willst du waschen?«

»Dich! Schließlich will ich ja wissen, wie der Mann, den ich unbedingt heiraten muß, richtig aussieht.«

»Wer spricht denn von müssen?«

»Na ich!«

Das »Milchkannenmädchen« von der Osthavelländischen

»Hübsche Frauen kochen nicht gern«, lautet ein Sprichwort und ein zweites sagt: »Ein goldener Teller macht nicht satt, wenn er leer ist«.

Man könnte es als versuchte Rechtfertigung von Männern halten, die nun einmal ein nicht gerade hübsches Mädchen als Ehegespann abbekamen, zum anderen auch als Warnung davor, dass so eine »Traumfrau« nicht immer die Gewähr für ein einigermaßen geregeltes Familienleben ist. Doch was für Frauen gilt, gilt wahrscheinlich auch für Lokomotiven. In meinem Heimat-Bw war die größte Maschine eine 52er, die schnellste eine P 8 – beide waren keine Schönheiten.

Vielleicht ist es verständlich, dass man sich daher nach einer 03 oder gar einer 01 den Hals verdrehte, doch die Vernunft sagte einem: Schlag sie dir aus dem Kopf, da kommst du doch nie rauf!

Als ich nach sechs Jahren Ausbildung endlich die Prüfung zum Lokführer ablegte, meinte ich am Ziel zu sein, doch die Ernüchterung holte mich schnell ein.

Ein junger »Reserveführer« ist der »Paslack« – der »Ausputzer für alles«, Maschinen am Bahnsteig ablösen oder zur Fahrt vorbereiten, Bw-Rangierdienst oder auch Schuppenheizer, eben alle Arbeiten, die Lokleiter oder Oberputzer einem Altmeister nie anbieten würden.

Und noch einen »Nachteil« hatte mein »Patent«. Zuvor hatte ich als Lokomotivheizer ein Grundgehalt von 271,- Mark brutto und dazu in meiner Planstelle im schweren Reisezugdienst ca. 200,- Mark

Kilometergeld. Jetzt bekam ich als Lokführer zwar 310,- Mark Gehalt, aber meine Planstelle im Zugdienst war ich los; da warteten schon andere Kameraden drauf.

Ich rechnete hin und her und musste feststellen, dass es doch sehr lange dauern würde, bis ich die 325,- Mark für ein Fahrrad, das ich dringend brauchte, zusammen hatte. Lokführer, Traumberuf, dachte ich verbittert, sieht der so aus?

Eines Tages wurde ich zum Vorsteher befohlen.

Wie stets bei solcher Aufforderung überprüft man sein Schuldkonto, aber da war nichts.

Im Arbeitszimmer des »Alten« fand ich außer ihm noch den »234er«, den Bevollmächtigten für die Durchsetzung des Befehls 234 der sowjetischen Militärregierung, aus dem später der Parteisekretär wurde – und zwei Russen. Auf den ersten Blick erkannte ich schwarze Schulterstücke mit gekreuztem Hammer und Schraubenschlüssel als Abzeichen.

Militäreisenbahner, stellte ich erleichtert fest, die hatten nichts mit politischen Witzen zu tun, die man sich gelegentlich angehört und auch darüber gelacht hatte.

Der »Alte« hatte meine Personalakte auf dem Tisch liegen.

Ich sei ja ein noch sehr junger Lokführer, meinte er und fragte mich, wie es mir denn jetzt gefalle.

Leider habe ich einen Geburtsfehler, das Gehirn zu dicht an der Zunge.

»Beschis... Verzeihung Herr Vorsteher...«

Der »Kreml-Boss« polterte los. Er hätte mir schon oft genug gesagt, dass es jetzt keine Herren und Knechte mehr gäbe, wir seien alle Kollegen oder Genossen...

Dem Vorsteher brauchte ich nicht zu erklären, warum ich meine Lage alles andere als rosig fand, aber das müsse alles mal so sein, man müsse eben klein anfangen. Obwohl ich brummte, dass kleiner ja wohl nicht mehr gehe, meinte er väterlich, dass die Zeit jetzt vorüber sei und ich würde abkommandiert.

»Sie gehen als Lokführer auf die Osthavelländische Kreisbahn, erst einmal für sechs Wochen.«
»Aber Vorsteher, das ist doch eine Kleinbahn…«
Kopfschütteln als Antwort. Es wäre eine normalspurige Nebenbahn, aber volkswirtschaftlich sehr wichtig. Zwar gäbe es dort unter den Personalen noch einige Männer, die eine Abneigung gegen die Reichsbahn hätten, aber das lege sich mit der Zeit.
»Und was fährt da, auf der Osthavelländischen?«
»Natürlich die T 3, die 89er…«
Die »T3«. Für mich war es das Hässlichste, was Preußens Eisenbahnen je auf die Schienen gestellt hatten. Vom Vorbeifahren kannte ich sie, die »Königin Luise« mit ihrem Langrohrschornstein mit der unvermeidlichen Stützkonsole für das Dampfläutewerk davor, und im Geiste hörte ich schon die Kollegen witzeln: »Darf die schon Wasser trinken oder kriegt sie noch Milch?« Doch da saß irgendwo in einer Gehirnwindung so ein kleines Teufelchen, welches mir zuflüsterte: Ist doch egal wie die Eisenbahn aussieht, aber du fährst rechts und bist dein eigener Herr!
Der Endstand war 1:0 für die Eisenbahn. Ich sagte zu. Schulterklopfen vom Alten und vom »Kreml-Boss«, freundliches, leichtes Nicken von den beiden russischen Offizieren, die bisher zur ganzen Unterhaltung kein Wort sagten, aber vermutlich jede Silbe verstanden. Einer von ihnen, ein Kapitän, öffnete umständlich seine Kartentasche. So eine russische Offizierstasche ist fast ein kleiner Reisekoffer. Neben Schreibzeug und Kartenmaterial enthält sie auch noch etwas Brot, ein Stück Speck und für den Notfall auch Revolvermunition – und einen halben Liter Wodka – den auch für den Notfall.
Aus dem Schreibfach dieses »tragbaren Schreibtisches« entnahm der Russe einen A4-Bogen gelblichen Papiers, beschrieben mit Maschine mit kyrillischen Buchstaben, darunter jedoch der bekannt-berüchtigte dreieckige Stempel. Ich kannte seine Bedeutung. Wer »gut« war, kam mit diesem Stempel bis Moskau, wer nicht so gut war – etwas weiter

nach Osten. Doch in einwandfreiem Deutsch erklärte mir der Russe, auf diesem Dokument stehe, dass man dem Inhaber bei allen Lösungen seiner Aufgaben behilflich sein müsse. Unterschrieben sei das Dokument von General Kwaschnin. Wieder beging ich einen Fehler, ließ die Russen in meine Karten sehen. »Verstehe«, meinte ich, »General Kwaschnin ist Chef des militärischen Eisenbahntransports…« Leider sagte ich ihm das auf Russisch.

Der Kapitän bekam Augen wie ein Junge vorm Weihnachtsbaum.

»Twoiju match…« fluchte er.

Aus Höflichkeit gegenüber unserem östlichen Nachbarn übersetzte ich dieses Schimpfwort nicht; außerdem stammt es aus der Zeit Katharina II., einer Prinzessin von Anhalt-Zerbst, die sich als Zarin nach verschiedenen Familienkonflikten die stattlichsten Gardeoffiziere zu einem Schäferstündchen einlud – und sie hinterher hinrichten ließ, damit es nicht an die Öffentlichkeit kam. Und die Zarin war ja im alten Russland »Mütterchen« – und wer sich mit »Mütterchen« einließ oder einlassen musste, ging eben zum Teufel.

»Wo hast du Russisch gelernt, Genosse?«

»Verzeihung, Genosse Kapitän, ich bin nicht in der Partei, ich bin kein Genosse…«

»Aber in deinen Papieren steht, du warst im Antifa-Jugendausschuss, du hast Wärmestuben eingerichtet, damit im Winter die Alten nicht erfrieren, ihr habt Subbotnik gemacht und das Schuppendach gedeckt, alles ohne Geld…«

»Aber ich bin doch kein Genosse…«

Meine Beteuerungen rührten den Kapitän wenig. Ich wäre eben Komsomolze, und dass ich Genosse sei, wüsste ich noch gar nicht.

»Weißt du«, fuhr er fort, »Genossen machen das Wichtigste zuerst«!

Einer der Altmeister beruhigte mich. Ich brauche wirklich keine Angst zu haben. »Zu schnell fahren kannste nich, die »Langrohre« bringen nur dreißig, aber dafür zotteln sie selbst dem Deiwel die Hose vom Hintern. Wacklige Schienenstöße sind für eine T 3 auch keine

Hürde, sie nimmt jedes Loch wie ein Schaukelpferd, und ein Signal was Halt zeigt kannste auch nicht überfahren, weil es davon nicht viele gibt.«
»Aber die vielen unbeschrankten Bahnübergänge«, warf ich zweifelnd ein. Die Altmeister schüttelten den Kopf. »Du meinst wegen die Iwans?« »Junge, der ist mit seinem Auto schneller über die Schienen, als du heran bist, und wenn du wirklich mal so einem Russen-Ford den Kotflügel eindrückst, meinst du, die Russen beschweren sich? Die sind zufrieden, wenn die Kommandantur nichts davon erfährt. Wenn die Brüder dann gemerkt haben, dass du die Schnauze gehalten hast, besorgen die dir alles.«
»Du wirst es merken, Junge. Du hast Narrenfreiheit. Was du machst, ist richtig, keiner sagt dir was – doch es hört dich auch keiner, wenn du draußen im Bruch um Hilfe schreist. Sollte es wirklich mal absolut nicht gehen wollen – denk immer an den Paragrafen 4c der Dienstordnung für Königlich-Preußische Lokomotivbeamte: Zwei Doofe ergeben auch einen Schlauen – und du wirst erleben, dass ihr ankommt«.
Ja, Ankommen, das war schließlich das Wichtigste. Wie und was sich dabei zwischen Feuertür und Schaufelbühne abgespielt hatte, blieb das Privatgeheimnis der beiden »Schwarzen« vom Führerstand, und sollten mal alle Stränge reißen, hatten die beiden immer noch ihre Ausrede bei der Hand, natürlich mit ihren klassischen Merkmalen: Glaubhaft, übereinstimmend, technisch erklärbar und zumindest den ersten Überprüfungen standhaltend. Über viele Jahrzehnte habe ich mich an diese Maxime gehalten und bin damit immer »gut angekommen«.
Als ich mir am Nachmittag noch einmal die Ereignisse des Tages durch den Kopf gehen ließ, kam mir doch der Gedanke, ob ich meine Entscheidung, bei der Osthavelländischen »Handgeld« zu nehmen, nicht doch etwas zu voreilig gefällt hatte. Zugegeben, meine Einkünfte würden sich nicht unbedeutend verbessern, ich hatte eine Planstelle auf der »rechten Seite«, und auch die »verpflegungstechnische« Frage war

geklärt; schließlich war als »Feldeisenbahner« noch keiner verhungert. Früher hätte ich bei solchem Angebot sofort bedenkenlos mit beiden Händen zugegriffen, aber da war ich ja auch nur für mich alleine zuständig.

Als ich Lisa von der Unterredung erzählt hatte, war sie ganz still. Sie hatte die Lippen aufeinandergepresst und ich sah, wie ihre Halsschlagadern zuckten. Ein halbes Jahr wären wir nun schon zusammen und jetzt wolle ich sie alleine lassen, hörte ich vorwurfsvoll.

»Mensch, Junge, merkst du denn nicht, dass wir an dir hängen wie die Kletten – die kleine Jule und ich? Und du willst nun zu einer Kleinbahn«.

»Mädchen, bei Eisenbahns muss nun mal alles gemacht werden! Da kann eben nicht jeder Schnellzüge fahren, so gerne er auch möchte. Sieh mal, ich hab da eine Planstelle, brauch nicht mehr den »Ausputzer« zu machen, hab meine eigene Lokomotive…«

»Deine eigene Lokomotive… für die eigene Lokomotive hat sich Gustav, der Mann von der Hedwig, mit seinem Tiefflieger von die »Yankees« angelegt, der wollte auch nur seiner »eigenen« Lokomotive das Leben retten. Er hatte keine Chance. Drei Tage später hat ihr dann der Blockwart den gefürchteten gelben Brief gebracht«.

»In treuer Pflichterfüllung, gefallen für Führer, Volk und Vaterland…« Sie sah zu mir herüber und ich bemerkte, dass ihre Augen bettelten.

»Du, Großer«, hörte ich. »Ich bin nicht so stark wie die Hedwig. So einen Brief, wie sie ihn ihr geschickt hatten, könnte ich nicht überleben«.

»Aber Mädchen! Das war doch damals ganz anders, damals war Krieg…« »und heute haben wir alles wieder, zwei Führer, wir den Sachsen mit dem Spitzbart, die da »Drüben« den frommen Kanzler. Zwei Vaterländer haben wir auch, und jedes behauptet von sich das einzig wahre zu sein! Was wir nur einmal haben, ist das Volk. Das sind die einfachen Menschen, so wie wir beide, die weiter nichts wollen, als ein kleines bisschen Menschenglück und das immer wieder betrogen wird.«

»Vaterländer haben das so an sich. Sie lügen und betrügen, schinden und quälen dich und fressen sogar ihre eigenen Kinder…«
In diesem Moment konnte ich nichts sagen, war von ihrer unbarmherzigen Logik einfach überrascht, weil sie stimmte. Ob wir hier eine Parteiversammlung hätten, wollte ich nur wissen…
»Bist du eigentlich in der Partei, Großer? Ich meine, mich stört es nicht, wenn du bei den Kommunisten bist…«
Irgendetwas war jetzt zu viel. Mit der flachen Hand schlug ich auf den Küchentisch und erklärte: »Du bist schon der Dritte heute, der mich zum Kommunisten stempeln will! Wie viel kommen denn noch?« Und fast beschwörend redete ich auf sie ein:
»Lisa, die Russen schicken mich dahin – und du weißt, dass die das »Sagen« haben. Sage ich ‚Nein', sagen sie einfach ‚Prikas' und ich muss!« Eine Mädchenhand im Nacken, ein paar Finger, die streicheln.
»Stimmt doch alles, was du sagst, Großer«, hörte ich, »nur eins musst du mir versprechen: Versuche nie, ein Held zu sein! Das passt nicht für uns kleine Leute. Wir haben doch nur uns beide«.
»Helden sterben in der Regel sehr früh – und sind hinterher sehr lange tot«, beruhigte ich sie. Was mich anbeträfe, hätte ich ganz andere Vorstellungen von unserer Zukunft, vielleicht könnte ich dann mit meinem Enkel auf dem Fußboden liegend elektrische Eisenbahnen fahren lassen.
Lisa lächelte, fein, fast unmerklich. »Die »natürliche« Reihenfolge müsse allerdings dabei eingehalten werden«, erklärte sie mir. Dazu gehöre auch, dass man nicht während der Fahrt auf den Umlauf klettere, um mit Hammerschlägen eine stotternde Luftpumpe zum Weiterlaufen zu bewegen.
»Du, Mädchen, das ist ein Notfall…«
»Vermeide Notfälle, du kannst es doch, Junge!«
Mit der S-Bahn fuhr ich nach Velten, einer märkischen Kleinstadt mit Kachel- und Margarinefabrik. Als ich ausstieg, regnete es, und ich kam pudelnass in dem lang gestreckten gelben Ziegelbau-Lokschuppen an.

Drinnen ließen drei »Langrohre« ihre Rauchfahnen in den Schuppenhimmel steigen. Der Schuppenheizer, die Schaufel geschultert und die Karbidlampe in der Hand, war das erste menschliche Wesen, auf das ich hier traf. Prüfend glitt der Lichtschein seiner Gaslampe über meine Uniform, die nur aus schwarz eingefärbten Wehrmachtsklamotten mit vergoldeten Knöpfen, ohne Dienstrangabzeichen, nur mit dem Flügelrad versehen, bestand.
Sein Gesicht konnte ich nicht erkennen, denn er hatte ja die Lampe.
»Sie sind wohl der neue »Meister« von die Staatsbahn. Sie sollen uns nun die Ordnung beibringen, die neue, nicht wahr…«
Dem Klang seiner Stimme nach hätte er älter als mein Vater sein müssen. Darum sagte ich, dass ich kein »Aufpasser« sondern nur ein ganz einfacher Lokomotivführer sei.
Als Antwort schob er mich in sein kleines »Bureau«, das nur ein Fenster hatte.
»Sie sind ja nicht der erste Meesta hier, vor ihnen waren hier schon vier andere; sie wollten uns arbeiten beibringen – aber das konnten wir schon.«
Dennoch freundlich lud mich der Alte zu einer Tasse Tee und einem Teller Suppe ein. In dem Tee waren vermutlich alle Kräuter der Mark enthalten – aber die Suppe war ein Gedicht.
»Ist doch Aalsuppe, von uns, aus der Havel, die besten Aale die es gibt.« Und er erklärte mir, aus welcher Stelle der Havel er die Fische fange. Einen Angelschein hätte er nicht, aber der Fischer kenne ihn, der Polizist und die Russen sagten nichts. Dann zeigte er mir mein Zimmer, ein Mansardenanbau des Schuppens. Als ich den Lichtschalter betätigte, verschwand eine ganze Mäusearmee pfeifend in die unmöglichsten Löcher.
Die vier Beine des Tisches waren mit Sprengdraht zusammengehalten, ein Stuhl und ein Regal mit Nägeln in der Wand und ein Feldbett. »Na denn, gute Nacht Meister!«
Gute Nacht war nicht gut. Die Dreistigkeit der Mäuse nahm überhand.

Erst gegen Morgen wurde ich wach. Das Zimmer war mäuseleer und hundekalt. Ich versuchte die Beine auszustrecken und stieß auf einen etwas weichen Widerstand und halblautes Brummen. Es war so eine »Glückskatze«, so eine vierfarbige Mieze, die sich an meinem Fußende erhob, sich streckte und steifbeinig über die Decke stolzierte. Erwartungsvoll stand sie auf meiner Brust, sah mich an und schnurrte, dabei hob sie abwechselnd im Schnurrtakt ihre Vorderläufe, sah mich mit ihren gelbgrünen Augen an, blinzelte mich etwas schelmisch an. Es war mir, als wolle sie sagen: Ich mag dich!
Noch heute muss ich sagen, dass ich ein Hunde- und Katzennarr bin. Alles, was bellt oder schnurrt, läuft mir hinterher. Aber schließlich bin ich hier als Lokomotivführer – und nicht als Katzenspielzeug.
Meine Badeanstalt wäre der Wasserkran, hatte der Schuppenheizer gesagt: Ich ließ mich kalt überrieseln. Die Augen hatte ich noch voller Seifenschaum, als ich die russisch klingende Stimme vernahm: »Rucki werch!« Durch den Seifenschaum blinzelnd sah ich die beiden Russen. Der eine, ein Soldat, hatte die MP im Anschlag und der andere, ein Unterleutnant, hielt mir den Revolver vor die Brust.
»Du Faschist, du SS« fluchte er, und ich hörte, wie er den Abzugshahn spannte. Ich sah, wie die dunkle Laufmündung auf meine schwarze Uniformjacke zeigte.
Menschenskind, steck doch das Ding ein. Wie schnell kann so etwas losgehen… Der Krieg ist doch längst zu Ende und du…
»Mann, ich bin doch keiner von der SS! Meinst du, die rennen jetzt noch in schwarzen Jacken herum? Das sind Klamotten von der Wehrmacht, schwarz eingefärbt, anders geht es doch nicht…« In meiner Angst fiel mir ein: Wenn du Probleme mit den Russen hast: Schimpfen! Das Erste, was ich von der russischen Sprache gelernt hatte, waren Schimpfworte. Wie ein Blitz ging es mir durch den Kopf! Grenzenlose Dummköpfe nannte ich sie, Hurensöhne, die sich an Mutter und Schwester vergingen, Geschöpfe, die des Teufels Großmutter verstoßen habe, weil sie sich ihrer Dummheit schäme. Ich wä-

re kein Mann von der SS, sondern ein deutscher Lokomotivführer, das sollten ihre Hühnerköpfe erst einmal begreifen… Ich sah, dass der Lauf des Nagan nicht mehr auf meine Brust, sondern auf die Erde zeigte.
»Steck das Ding da weg«, herrschte ich ihn auf Russisch an. Er gehorchte. »Kanjeschna Gospodin« – Natürlich Herr!«
Als der Revolver im Futteral verschwand, spürte ich innerlich einen großen Plumps. Meine Chance, noch einige Jahre älter zu werden, waren scheinbar gestiegen. Aber noch war der Russe misstrauisch. Wenn ich Lokomotivführer sei, meinte er, müsse ich ja wohl auch ein »Dokument« haben.
»Dokument ist!«
»Daitje minja – gib mir«, forderte er.
Frechheit steh mir bei, dachte ich. Wenn man in Deutschland etwas sehen oder haben wollte, sagt man dazu »Bitte«, und wenn man es erhalten hatte, sagte man »Danke« – doch zuerst sagt man, wer man ist und wie man heißt, belehrte ich ihn.
Sichtlich verlegen strich der Russe die Falten seiner Feldbluse glatt und salutierte. Er wäre der zuständige Ortskommandant, Unterleutnant Alexander Melnikow. Unterleutnant – bis du Leutnant wirst, haben sie Suworow vielleicht schon zum Fähnrich degradiert, dachte ich mir und gab ihm meinen viersprachigen Dienstausweis. Er schien ihn zu beeindrucken und er sagte sogar »Spassibo – Danke«. Nun wäre ja alles in Ordnung, meinte er, und eigentlich wäre es ja nur durch die schwarze Uniformjacke gekommen. Ich wollte gerade abwinken, da fiel mir ein: Du hast ja noch den »Propusk« von den Russen, probier mal aus, was er wert ist. Vorsichtig holte ich den »Passierschein« heraus und hielt ihn ihm entgegen. Ein unvermittelt ins Schuppendach einschlagender Blitz hätte die gleiche Wirkung gehabt. Das Gesicht des Unterleutnants wurde erst krebsrot, dann blass. »Tschort wros minje – hol mich der Teufel«, stotterte er und ich sah, wie seine Hand am Mützenschirm zitterte. »Entschuldige, Genosse Kommissar, wir konnten nicht wissen… warum hast du nicht gesagt.«

»Und warum wolltest du mich erschießen? Erst war ich für dich ein Faschist – und jetzt dein »Genosse Kommissar…« Wenn ich doch nur genau gewusst hätte, was auf diesem gelben Stück Papier stand?
Verlegen rieb sich der Russe die Hände an den Schößen seiner Feldbluse. Wenn der Rayon-Kommandant das erfahren würde oder noch schlimmer der »Politruk«, nicht auszudenken, meinte er und zog eine Schachtel Zigaretten hervor. Es war eine rote Schachtel für Zigaretten ohne Pappmundstück und in ihrer Mitte prangte das Abbild eines Wolfes.
»Dawai, sakuriet – los, rauchen wir eine.« Die Russen sagen so etwas, wenn sie etwas Schweres überstanden haben oder gerade noch einmal davongekommen sind. Der Tabak war gut.
»Kak twoi Imja«, wollte der Russe wissen.
»Ja (ich) Jochen!«
»Jochen… ah, ponjatna ‚Jochann…« Denkfalten, Überlegen…
»Jochann – porusski Iwan und Name von Vater?«
»Hans, tosche Iwan…«
»Aber du, Kommissar, Iwan-Iwanowitsch… du Russki, kanjeschna, du schimpfen wie Kapitän wie auf Dampfer von Newa…, du Russki…«
Vielleicht wären meine Vorfahren unter Katharina nach Russland gekommen, jedenfalls wäre ich ein richtiger Russe.
Die Schachtel Zigaretten sollte ich behalten und wenn ich etwas brauche, solle ich es sagen.
Was ich alles brauchen würde, wusste ich noch nicht, mein Instinkt riet mir jedoch, dass es nicht wenig sein würde.
»Du alles schreiben auf Papier, auf Zettel – und ich dann viel guken mit Auge!«
Ein freundschaftlicher Klaps auf die Schulter. »Do swidanje, Wanja!«
Ich hatte nicht bemerkt, dass fast alle meiner neuen Kollegen den ganzen Vorgang durch die Schuppenfenster mit angesehen hatten. Es war also mehr als das übliche »Morgenpalaver« der Schwarzen vor Dienstbeginn. Bei meinem Eintritt verstummte jegliches Gespräch.

»Morjen, Männer«, sagte ich nur. Gemurmel war die Antwort. Im Schuppen roch das Gebälk so süßlich nach Steinkohlenrauch und Teer. Ich sah nur die beiden Schuppengleise, die aber unheimlich lang waren. An den Anzügen der Männer erkannte ich, wer Lokführer, wer Heizer war.
Die Letzteren erkannte man an den total verschmierten Anzügen; aber, man konnte sich auch irren.
Einer von diesen »Ölsardinen« ging auf mich zu, tippte kurz an den Mützenschirm. Ob ich der neue Meister von der Staatsbahn sei, wollte er wissen. Als ich bejahte, rieb er sich die öligen Finger an den Hosenbeinen ab und streckte mir seine Hand entgegen. »Ich heiße Robert Mahnke – »Zicken-Robert« sagen die Kumpels zu mir.«
»Und ich heiße Jochen Kretschmann. Was ich nicht gern habe, ist das »Sie« im Dienst. Sollte ich es einmal dir gegenüber gebrauchen – melde dich krank oder geh mir zumindest den nächsten Tag über aus dem Weg. Und dann noch eins: Nimm nie wieder die Mütze vor mir ab.«
»Aber zum Lokomotivführer muss man doch…«
»Sag zu mir Meesta oder Jochen!« Den letzten Krümel Tabak teilen wir und die Teeflasche ist sowieso Gemeineigentum.
Wir sahen uns unsere »Eisenbahn« an, es war eine »Mecklenburgerin«. Der Teufel wusste, wie sie bei der »Osthavelländischen« gelandet war. »Ein bisschen Werkzeug habe ich auch noch gefunden«, vernahm ich. Einige verrostete Gebilde hielt er in der Hand, die mir heute vermutlich jedes Heimatkundemuseum als prähistorische Funde abgekauft hätte. Ich sah mir die leeren Höhlen der Frontscheibenfenster, die fehlenden Seitengardinen und die leere Stützkonsole an, auf der einmal eine Lichtmaschine, ein Turbogenerator, befestigt war.
Ja, geklaut wurde damals überall, auch auf der Eisenbahn – aber das hier?
»Mensch, Robert, das hier – ist doch schon plündern«.

»Soll ick det hier wegschmeißen, Meesta?« Robert hielt immer noch die Werkzeugreste in der Hand.
»Nee, Robert, um Jottes willen, nischt wegschmeißen, wir brauchen alles…«
»Sach mal Jochen, ick weeß ja nich ob det stimmt, aber die Kumpels erzählen, dass alle, die von der Staatsbahn herkommen, ausgesuchte Kommunisten sind. Stimmt det?«
»Blödsinn, Robert, so viele haben die davon nich!«
Der Havelländer rollte die Augen.
»Sage bloß, du bist kein Jenosse.«
»Nein, Robert!«
»Und warum nicht? Hast du was gegen den Kommunismus?«
»Im Gegenteil. Er ist gut, einfach zu verstehen und gerecht. Aber mir sind da zu viel Leute in der Partei, die das Gegenteil von dem machen, wovon sie sprechen.«
»Und warum haben die Russen dich hierher geschickt?«
»Weil die anders sind als unsere Leute. Die fragen nicht nach dem

Parteibuch, sondern zuerst danach, wie der Mensch ist, nicht nach dem, was er versprochen hat, sondern, was er geleistet hat. Die sehen nicht aufs Maul, sondern auf die Hände.«

»Du bist also kein Roter?«

»Weiß ich nicht, Robert.«

»Und warum sind die Russen so freundlich zu dir?«

»Weil ich ihre Sprache verstehe und ihre Eigenart.«

»Und wie is die?«

»Weiß ich nicht, Robert, sie können grob sein – und dann auch wieder butterweich. Aber sag mir mal, warum heißt du »Zicken-Robert«?«

Der Alte erklärte: Als fünfundvierzig so alles zusammengebrochen war, wäre sein Sohn in englische Gefangenschaft geraten. Sein Sohn und die Schwiegertochter hatten schon zwei Kinder und dann kamen »Die« vom Landratsamt. Doch die Bürokraten – oder gezwungene »Menschenfreunde« brachten ein kleines Mädchen mit, Katharina hieß sie – und »Kathinka« haben die Russen zu ihr gesagt, und dieses Mädchen wäre eine Waise… zerlumpt und ausgehungert war der kleine Wurm, doch die vom »Amt« meinten, wo zwei satt werden, schafft es ein Drittes auch noch. Das Kindchen muss Furchtbares erlebt haben. Der Flüchtlingstreck war zwischen die deutsche und russische Front gekommen.

»Weil das kleine Mädchen so dürre war, hatte ich Mitleid; mein Gott, was können denn Kinder dafür, hab sie aufgenommen.

Zwei Zickenlämmer habe ich irgendwo bekommen; zuerst habe ich gedacht zum Braten – aber dann die kleine Kathi. Um Gottes willen, kein Tier schlachten … das Wichtigste für uns war, die Ziegen gaben Milch, und Ziegenmilch ist ja sehr nahrhaft … Die Kleine braucht es aber auch. Ein Kreuz hat das Mädchen, so breit wie ein Hering zwischen den Augen, und auf ihren Rippen könnte man Harfe spielen.«

»Was erzählt sie denn von ihrem früheren Zuhause?«

Hilflos hob der Havelländer die Schultern. Das wäre es ja eben. »Nichts erzählt sie, spricht so gut wie gar nicht, erwähnt nie Vater oder

Mutter. Aber meine Schwiegertochter hat mir erzählt, dass die Kleine nachts weint.«

»Und was sagt denn der Doktor?«

»Der meint, es wäre so etwas wie ein Erlebnistrauma. Solche Erlebnisse im Kindesalter würden lange anhalten, bis ein Mensch sie verdrängen könnte; ob er diese Erlebnisse je vergessen könnte, sei fraglich.«

»Und wie macht sie sich denn in der Schule?«

»Tja, Meister – fleißig ist sie, lernt auch gut – aber alles nur alleine. Schulfreunde hat sie auch nicht. Als sie zu den Jungpionieren sollte, hat sie »Nein« gesagt. Da wären Kinder mit dabei, die sie ausgelacht hätten, weil sie hier bei uns in der Pflegestelle wäre. Ein paar Jungen und Mädchen hätten zu ihr gesagt, sie wäre bestimmt irgend so ein Zigeunerkind und Mutter oder Vater hätte sie nie gehabt. Ihr wisst doch selbst, wie grausam Kinder untereinander sein können.«

Mein Assistent sah auf die Uhr. Ob ich etwas dagegen hätte, wenn er mal schnell an seinem Grundstück vorbeigehen könne und Mittagessen, es wäre gleich das erste Haus hinter der Schranke.

»Keine Bange, ich bleibe hier und unsere Eisenbahn auch. Geh ruhig essen.« Zicken-Robert drehte sich um, machte ein paar schnelle Schritte zum Schuppenausgang und blieb stehen. Zu Hause hätte die Frau heute Kartoffelsuppe gekocht, ob ich Derartiges essen würde, fragte er. Ein tüchtiger Schlag Suppe wäre nicht schlecht, meinte ich.

»Ich bring dir was mit«, vernahm ich und sagte »Danke, Robert!«

Dann nahm ich mir wieder meine »Mecklenburgerin« an die Brust und prüfte, ob meine angewendeten Schlosserkünste auch von Bestand waren. Sie waren es. Die Strahlpumpen funktionierten bei jedem Versuch, die Geräusche, die die aufgearbeitete Luftpumpe von sich gab, waren fast »filmreif« und die Stangen von Triebwerk und Steuerung hatte Robert so »geflimmert«, dass man von ihnen essen konnte. Es schien doch noch eine ganze Menge von dem übrig geblieben zu sein, was man mir in meiner Schlosserlehrzeit eingetrichtert hatte.

Es hatte nur eine knappe halbe Stunde gedauert, bis der »Linksaußen« von seiner Mittagspause zurückkam, allerdings nicht alleine. Ich schätzte das Schulmädchen, das neben ihm stand und fürsorglich eine Aluminiummilchkanne im Arm hielt, so auf acht bis neun Jahre. Es trug ein Sommerkleid, das eine gute Seele ihr aus rot-weiß-kariertem Wäschestoff geschneidert hatte. Auch ihre Strickjacke sah nicht gerade neu aus, sondern schien zuvor von einem der älteren Geschwister getragen worden zu sein. Ihre dunkelbraunen Haare waren hinten zu zwei Zöpfen geflochten. Sie waren dünn wie Rattenschwänze und von Paketgummis zusammengehalten.
»Du bist bestimmt die Kathi, stimmts« begrüßte ich sie und streckte ihr die Hand entgegen. Sie berührte sie nur vorsichtig mit den Fingerspitzen.
»Nun fass schon richtig zu, Kathi, bei mir geht da nichts kaputt.« Das Kindergesicht versuchte ein Lächeln. Die Suppe würde kalt werden, ermahnte sie mich. Eine Schüssel warme Suppe kann man als Lokomotivführer immer vertragen, zumal, wenn sie jemand so hervorragend gekocht hat.
»Schmeckt es Ihnen«, hörte ich das Mädchen. »Ich koche Kartoffelsuppe immer so, dass sie nicht zu dick wird. Dann schmeckt sie nämlich nicht mehr, dann wird es »Mampfe«.«
»Ach, du hast die gekocht, Kathi?«
Frau Mahnke und ihre größere Tochter wären unterwegs, um Futter für die Ziegen zu besorgen, da mache sie den Haushalt. »Wenn die Frauen nach Hause kommen, müssen sie doch etwas zum Essen haben.«
Als ich auf ihre Füße sah, wollte ich wissen, ob sie denn keine Schuhe habe. Bei dem Wetter und barfuß, nur in »Klapperlatschen«.
»Doch, aber die sind für Sonntags und Feiertags – und dann habe ich noch ein Paar hohe Schuhe für den Winter.« Dann erklärte sie mir, dass sie mir auch öfter Mittagessen bringen könnte, wenn es mir schmecke. Der Weg wäre für sie ja nicht schlimm, sie hätte ein Fahrrad. Es war ein Urgestein eines solchen Fortbewegungsmittels, ein »Dürrkop«

Damenrad mit Vollgummibereifung auf den 28er-Rädern, allerdings mehr als betagt. Ich fragte mich, was das Mädchen wohl nötiger hätte, einige Paar Schuhe oder ein vernünftiges Fahrrad.

»Also dann, auf Wiedersehen bis zum nächsten Mal, da koche ich Erbsensuppe«. Sie trat in die Pedale, als trainiere sie für eine Crossveranstaltung.

In einem Bahnbetriebswerk ist der »Oberputzer« der ungekrönte König des Schuppens. Ihm unterstehen je nach Bw-Größe zehn bis zwanzig Betriebsarbeiter, die für die zahllosen anfallenden Nebenarbeiten wie Kohlewagen entladen, Schlackensumpf reinigen, Sandofen und Warmwasserkessel bedienen zuständig sind. In der Regel besitzt er nicht einmal eine Facharbeiterausbildung, und fehlendes Wissen ersetzt er seinen Mitarbeitern gegenüber häufig durch Lautstärke. Er kennt alle, weiß alles, hört und sieht alles, und nicht selten erweist er sich als nützlicher »Zuträger« für Gruppenleiter und Vorsteher. Doch dies war schon zuzeiten der »Königlich-Preußischen« so. Unser Oberputzer wurde »Giftzwerg« genannt. Sein Statussymbol war das kragenlose, blau-weiß-gestreifte Wollhemd, auch »Proletariersterbehemd« genannt, darüber den angeknöpften, abwaschbaren Gummikragen mit fertig gebundenem schwarzen Schlips, die Weste, natürlich mit Uhr und Kette und die Dienstmütze mit der ihm nicht zustehenden Sekretärs-(Lokführer)kordel.

»Giftzwerg« war knappe 1,65 m groß und hatte ein richtiges »Mäusegesicht«. Mit erzwungenem Lächeln begrüßte er mich. Er würde sich freuen, dass endlich ein Lokführer von der Staatsbahn hier sei. Nun würde endlich Ordnung in den »verlotterten Haufen« kommen. »Das sind doch alles Peedenbauern hier, alles »Feldeisenbahner«, schimpfte er. »Denen ist doch ihr Stück Handtuchfeld mit Kartoffeln und Mohrrüben wichtiger als ihre Lokomotive!«

Lass das mal die Kameraden hören, dachte ich. Da sind einige bei, die ziehen dir dafür das Rückgrat durch die Nase raus – aber ohne Betäubung!

Ob ich mir meine Lokomotive schon angesehen habe, wollte er wissen. »Den Schrotthaufen? Mit dem fahre ich keinen Meter vom Hof! Nimm mal zur Kenntnis, dass ich die Maschine als »nicht«-betriebsfähig ablehne. Das kannst du deinem Vorsteher bestellen! Vor allem brauche ich Werkzeug.«

»Meister, wir haben doch selber nichts«, beteuerte der Giftzwerg weinerlich.

»Dann bleibt die Karre so lange stehen, bis das Unkraut durch die Speichen gewachsen ist!«

Das »Männchen« lamentiert: »Immer das Gleiche, immer trifft es die Kleinen!«

»Hör auf, Kumpelchen! Ich gehe jetzt zu den Russen. Überleg dir inzwischen, was du den Genossen von der »G.P.U.« erzählen willst, wenn sie dich fragen, warum das hier so ein »Miststall« ist.«

Dem »Giftzwerg« zitterten die Hände. Fast hätte ich Mitleid mit ihm bekommen, doch hier ging es ums Überleben, und nicht nur um meins.

An der Bahnschranke stand eine Frau mit zwei Einkaufsnetzen in den Händen. Ich fragte sie, wie ich hier zur russischen Kommandantur käme. Sie sah mich erschrocken an. Ob ich mich etwa da melden solle. Als ich nicht antwortete, erklärte sie mir halblaut und hastig:

»Junger Mann, gehen sie hier den schmalen Weg lang, dann kommen sie genau zum S-Bahnsteig. Alle zwanzig Minuten fährt ein Zug. Nur drei Stationen, dann sind sie »drüben«...«

Ich machte ihr klar, dass ich gar nicht nach »Drüben« wollte, worauf sie mich fast feindselig ansah und nur meinte: »Geradeaus, zweite Querstraße rechts, da steht das Haus mit dem Bild von Stalin dran.«

Das Haus mit dem großen Stalin-Bild war nicht zu übersehen. Der Hausposten war gelangweilt. Der Kommandant hätte heute keine Sprechstunde, erklärte er mir.

»Du Dummkopf! Ich muss zum Kommandanten«, schrie ich ihn an. Das Anbrüllen war eins, der »Propusk« das andere. Ein Blick auf das

Papier und den Stempel, den Karabinerriemen straff ziehen und salutieren: »Is winitje, Towarisch Kommissar!«
»Spar dir deine Entschuldigungen«, brummte ich, halb verärgert, halb belustigt. »Hast du vergessen, dass ein Posten unter Gewehr nicht salutiert?« Beiläufig setzte ich hinzu, dass seine Stiefel auch mal wieder die Bekanntschaft mit Schuhcreme und Bürste machen müssten. »So sieht doch kein Kommandanturposten der Roten Armee aus…«
Als ich an der Zimmertür des Kommandanten klopfte, erkannte ich sofort seine Stimme. Er sei nicht hier – und habe auch keine Zeit, hörte ich ihn laut. Trotzdem trat ich ein.
Sascha (Alexander) brütete verzweifelt über einem Stapel Formularen. Diese »Papierseuche« könne einen umbringen, fluchte er. Als er mich bemerkte, versuchte er ein Lächeln.
»Ach Wanja, du erste gute Kamerad cheute…« Dann schob er mit der Hand alle ihn scheinbar nicht interessierenden Formulare beiseite. »Statistik können warten – deine Lokomotive nix!«
Aus einem Bücherregal an der Wand zog er zwei dickleibige Lenin-Bände heraus. Ach du gerechter Strohsack, ging es mir durch den Kopf. Will der dir vielleicht jetzt etwas über Lenin erzählen? Von dem weißt du doch noch weniger als vom lieben Gott… Doch Sascha grinste schelmisch und erklärte mir, früher habe er das »Wässerchen« unten im Schreibtisch zu stehen gehabt, doch da wäre bei einer Gesundheitskontrolle die Militärärztin dahinter gekommen…
Jelena Petrowna heiße die Doktorin, Militärärztin ersten Ranges, sie dürfe überall hineinsehen. Sie sei zwar eine stattliche Frau, aber gegen ihr Schimpfen sei das Gekeife der Hexe Babajaga harmloses Schulmädchengeschwätz. Seitdem verberge er seine »Notvorräte« immer hinter den Lenin-Bänden. An Lenin vergreife sie sich nicht.
»Du sehen, Sascha ist Fuchs!«
Zwei ausgediente Mostrichgläser stellte er auf den Tisch und goss sie drei Viertel voll. Wir würden erst einmal etwas für die Gesundheit tun. Nach russischer Sitte muss der Gast sein erstes Glas völlig austrinken,

ansonsten beleidigt er den Hausherren. Ich tat es – und glaubte, mir würden die Schuhsohlen durchbrennen, doch ich überlebte. Unbewusst strich ich mir mit dem Handrücken über die noch brennenden Lippen. Der Kommandant quittierte es mit einem breiten Grinsen. Nur ein Russe würde als Besucher die ersten hundert Gramm Wodka mit einem Zug austrinken und sich danach noch mit dem Handrücken über den Mund streichen. Aber schließlich wäre es egal, ob Deutscher oder Russe. Erst solle ich ihm aber den »Wunschzettel« geben. Der war größer als der eines unbescheidenen Schuljungen, dafür aber in Russisch geschrieben.
Sascha las ihn und nickte. Es wäre sehr viel, was ich benötige, doch er würde sehen, und dann kenne er noch ein paar alte Freunde... Am Nachmittag käme er, gleich mit »Automaschina« nach Depot!
Zurück im Schuppen, sah ich mir meine Lokomotive genauer an. Irgendwie sah sie anders aus als die Preußen-T 3. Der Kesselscheitel schien mir höher zu liegen als normal, und auch der Raddurchmesser schien mir etwas größer und dann noch – eine T 3 mit Heusinger-Steuerung? Verzweifelt kramte ich in meinem Verstandskasten um herauszufinden, was uns der Lehrer für Lokomotivkunde einmal über Länderbahnlokomotiven erzählt hatte, doch ich kam nicht darauf.
»Da ist ja unser verlorener Sohn«, hörte ich. Hinter mir stand der »Linksaußen«.
Er meinte erleichtert, dass er froh wäre, dass ich wieder da sei. »Ich dachte nämlich schon...«
»Was dachtest du schon«, wollte ich wissen.
Verlegen rieb mein Assistent die Hände aneinander.
»Na ja, Meesta – wenn einer zur Kommandantur geht und ist nach drei Stunden nicht zurück, dann nimmt man an, dass die Russen ihn vielleicht – Na ja, du weißt schon, was ich meine...«
Ich schüttelte den Kopf. »seid doof...«
»Zicken-Robert« wechselte das Gespräch. Der »Giftzwerg« wäre da gewesen und hätte gesagt, da wir ja jetzt sowieso keine Lokomotive

hätten, sollten wir an unserer die nötigen Schlosserarbeiten ausführen. Täglich neun Stunden wolle er uns schreiben, sonnabends und sonntags zwölf, dazu den Kilometergelddurchschnitt vom Bw…

»Und wie viel kommt dabei raus, Robert?«

»120,- Mark im Monat, hat er gesagt, und der Chef hätte das schon genehmigt.«

»Und Werkzeug? Was hat er davon gesagt?«

Robert zuckte die Schultern. Der »Giftzwerg« hätte gesagt, wir sollten uns irgendwo etwas organisieren.

Robert schob sich wütend die Mütze aus der Stirn. »Orjanisieren heißt doch Klauen! Da stiftet dieses Miststück von Schuppenratte die eijenen Kollejen an, ihre Kumpels zu beklauen und wenn wat ist, untawegs, stehen die da und können sich nich helfen. Die Reichsbahner sind schuld, heißt et denn – und denn ham wa einen kleenen Bürjakriech hier.«

Vermutlich wäre die Diskussion noch weitergegangen, wenn nicht ein surrendes Motorengeräusch das Gespräch unterbrochen hätte. Wir beide sahen uns an und »Zicken-Robert« meinte: »Ick seh mal nach…«

Vielleicht zwei, drei Minuten war er weg, dann kam er wieder zurück. Schwer atmend stand er in der Windfangtür der Schuppeneinfahrt »Jochen… Meesta Jochen, komm janz schnell… die Russen sind da.«

»Robert, die Russen sind doch schon seit 45 hier…«

»Aba nich doch die… Deine Russen meine ick. Die sind jekommen mit een jroßet Auto…«

Raus aus dem Schuppen. An der Seitenwand des Gebäudes stand ein Anderthalbtonner »SIS« mit tuckerndem Motor, aus der Kühlwassereinfüllverschraubung stiegen durch das Entlüftungsrohr einige zarte Dampfwölkchen empor. Sie mussten es sehr eilig gehabt haben, die »Kameraden«. Der »SIS« sah so aus, wie sich die Söhne von Henry Ford vielleicht einmal einen Lkw vorgestellt hatten. Doch aus der Fahrerkabine heraus grinste mich Sascha an. Er habe doch gesagt, dass er komme, es sei Nachmittag – »und jeetz alles Porjadok…«

Zwei Soldaten öffneten die Ladeklappe und ließen sie herunter. Vorsichtig hievten sie zwei schwere Kisten hinab, auf deren Deckel stand: Deutsche Wehrmacht/Panzerschule Wünsdorf (Cambrai Kaserne), Pz. Inst. setz. battl. 3. Der Inhalt ließ jedes Mechanikerherz in die Höhe springen. Maulschlüssel, Ringschlüssel, Steckschlüssel, sogar mit Ratsche, Bohrmaschinen für 6, 12 und 24 Volt, für 110 Volt Gleichstrom und auch 220 (Gewechselten).
Um diese Zeit würde sonst der Schuppen menschenleer sein, doch nun standen auf einmal dreißig Mann der »OHE« mit herum und begutachteten die Werkzeuge, alle waren neu, noch in Ölpapier eingewickelte Geräte. Doch Sascha warnte sie. Dies sei alles Beuteware der Roten Armee und wenn auch nur einer versuche… er machte die entsprechende Handbewegung – dann käme »Tribunal«. Die beiden Rotarmisten schleppten die Kisten in meine Schlafkammer. Sascha stand immer noch auf der Ladefläche. In den Armen hielt er einen Gegenstand, der auch sorgfältig in Ölpapier eingewickelt und mit dünnen Blechziehbändern gesichert war. Saschas Gesicht strahlte wie das eines kleinen Jungen, der seinem Vater ein Weihnachtsgeschenk übergibt.
»Wanja, du nun kuken, smatrie, chier est – Lichtmaschina…«
Ich stutzte. Kein Mensch trägt einen Turbogenerator auf den Unterarmen… »Nu, warum du nix freuen… alles prima… vierundzwanzig Volt, nowa Maschina…«
Ach Sascha. Ein guter Kumpel bist du. Aber woher solltest du wissen, dass eine Lichtmaschine für eine Lokomotive anders ist als die für einen Omnibus? Trotzdem wollte ich ihn nicht enttäuschen. »Spassibo, Sascha, du bist ein Kumpel…«
Stirnrunzeln. »Kumpel, Wanja, was ist das…«
Kumpel das wäre Freund, Bruder, Helfer… eben einer, mit dem man sein Brot teilt oder auch Prügel einsteckt… Das früh gealterte Jungengesicht unter der Feldmütze sah mich an. Die meergrünen Augen unter dem struppeligen Haarschopf glänzten. Mit einem Satz schwang er sich in die Fahrerkabine des Oldtimers. »Po jedem« befahl er dem

Fahrer und sah aus dem Fenster. »Do swidania, Towarisch Kumpel!« Der »SIS« zog an.
Die folgende Nacht habe ich wenig geschlafen. Fortwährend träumte ich von Lichtmaschinen, wälzte mich im Bett, was mir das widerwillige Murren von »Madam Minka«, meiner vierfarbigen Zimmergenossin einbrachte. Beim Morgengrauen wurde ich wach und ging in den Schuppen. Die Ruine ansehen und überlegen. Die Lichtmaschine, dieser Gedanke ging mir nicht aus dem Kopf.
»Morjen, Meesta Jochen!« Die havelländische Stimme riss mich aus meinen Überlegungen. »Zicken-Robert« stand vor mir, seinen Rucksack einseitig geschultert. »Was willst du denn schon hier?«
»Na arbeeten, Meesta!«
Anstatt auf eine Antwort zu warten, erklärte mir der Havelländer: »Den Kessel ham wa abjedrückt, der Dieta und icke.«
»Abgedrückt? Na wie denn?«
»Na wie? Na mit warm Wassa uffjefüllt und denn 8 Atü Luft druff – allet is dichte, ooch die Rauchkammerluke…«
»Und das warme Wasser, die Luft…«
»Na von die andere Lok, von die »Sieben«!«
»Die steht doch viel zu weit weg, so einen langen Schlauch gibt's doch gar nicht.«
»Na Jochen! Du hast uns doch selbst die Sieben da hingefahren, hast du das vergessen?« So ist es, wenn man ausgetrickst wird.
Man musste schon ein unverbesserlicher Fantast oder kalt wie eine Hundeschnauze sein, um nicht täglich über die Schlagzeilen im »Zentralorgan« zu stolpern. Dort war von »hervorragenden Produktionsleistungen, übererfüllten Plänen und dem unausbleiblichen Sieg des Sozialismus« zu lesen. Irgendwie kam es mir vor, als hätte ich das alles schon einmal gehört und gelesen, allerdings nicht im »Neuen Deutschland«. Dort war auch von siegreichen Abwehrschlachten, heldenmütigem Einsatz der deutschen Truppen, dem unerschütterlichen Glauben an den Führer und dem unausbleiblichen Endsieg die Rede…

Auch wir suchten in den Reparaturkanälen nach Schrauben, Muttern, Unterlegscheiben und Federringen, setzten aus drei defekten Lokomotiven eine wieder einsatzfähige zusammen und lebten von der Hand in den Mund. Die Parallelen, die ich hierbei feststellte, ließen mich erschrecken. Der Einzige, mit dem ich offen darüber reden konnte, war Sascha. Er hörte sich meine Bedenken an, nickte bestätigend und seufzte. Karl Marx hätte geschrieben: »Nach einer halben Revolution kommt unweigerlich eine ganze Konterrevolution« und er, Sascha, glaube nicht, dass sich Marx geirrt hätte, doch ich müsse sehr aufpassen, mit wem ich über solche Probleme spräche. »Du kennst doch deutsche Sprichwort: Wer Hund prügeln will, findet auch Knüppel!«
Aber dann wollte er ganz was anderes wissen. Ob denn die Lichtmaschine schon arbeite, wollte er wissen. Verdammt, ging es mir durch den Kopf. Bestimmt hatte der Kumpel bemerkt, dass dieses Mitbringsel nicht die wahre Begeisterung bei mir ausgelöst hatte, ich ihn aber nicht enttäuschen wollte.
»Sascha«, erklärte ich stotternd, »sieh mal…«
»Lichtmaschina neu, warum nix arbeiten…?«
Nun bringe einer mal einem Eisenbahnneuling bei, dass eine Lichtmaschine für eine Lokomotive anders sein muss als die für einen Büssing oder Benz. Als es mir gelang, riss sich der Unterleutnant das Käppi vom Kopf und knüllte es wütend zusammen. Augenrollend verkündete er, dass ihn die Maschine drei Liter »Sprit« gekostet hätte… Aber wenn er diesen »Hurensohn« von der Ersatzteilbeschaffung in die Finger kriege, dann…
Dieter rettete mit seiner Berliner Pfiffigkeit, die Situation. »Pass mal uff, Jochen. Die Lichtmaschine können wir nicht gebrauchen, aber ich kenne Leute, die sich nach so einem Gerät sämtliche Finger lecken. In Neuruppin laufen noch Diesellokomotiven und die brauchen so was. Wir müssten nach Neuruppin fahren und fragen, ob sie uns nicht dafür einen Dampfgenerator von AEG geben könnten.«

Sascha war auch sofort dafür – doch dann nicht mehr.
»Nix idjot – geht nicht.«
»Warum geht das nicht«, wollte ich wissen.
Geduldig erklärte mir der Russe, dass er als Ortskommandant im ganzen Kreisgebiet herumfahren dürfe, egal, wie viel Benzin verbraucht würde, aber nicht über die Kreisgrenzen hinaus. An den Übergangsstellen wären überall die »KPP«, Kontrolnji Passsage Punkt – und die Soldaten hätten strengen Befehl, kein Militärfahrzeug ohne »Propusk« durchzulassen.
Wir standen da wie drei Schuljungen, die einen Streich aushecken wollten und nun merken mussten, dass er nicht gelingen könne. Plötzlich schlug sich Dieter mit der flachen Hand an die Stirn.
»Jungens, ick habs! Is doch janz einfach. Der Iwan hat det Auto – und Jochen hat einen »Propusk« und den Russen möchte ick sehen, der ein Dokument, unterzeichnet von een Jeneral der russischen Eisenbahntruppen und der Militärrejierung, nich anerkennt.«
Erleichtert atmete Sascha auf, lächelte. Es wäre beinahe so wie in dem Märchen vom dummen Iwanuschka, der einen halben Tag durch den Wald reitet und sein Pferd sucht, bis er merkt, dass er ja auf ihm sitzt, erklärte er uns. »Wie sagt man bei uns: Zwei Dummköpfe zusammen ergeben auch einen Schlauen!«
Dann verabschiedete er sich. Er habe noch sehr viel zu erledigen, sagte er mir, und morgen Früh, fünf Uhr würde er mich abholen. Ja, die Russen und ihr Verhältnis zur Zeit, das sind zwei linke Schuhe. Sagen sie »sofort«, kann es Stunden dauern, heißt es »gleich«, kann schon ein Tag vergehen, und wenn sie sagen »bald«, kann es sehr, sehr lange dauern. Mütterchen Russland ist groß – und der Zar ist weit.
An und für sich benötige ich keinen Wecker, vertraue meiner inneren, biologischen Uhr. Dennoch wurde ich schon beim Morgengrauen von einem schrillen, dennoch bekannten Geräusch geweckt. Solche Töne gibt nur ein Getriebe von sich, wenn ein Fahrschüler mit dem Schalthebel in ihm herumrührt. Ob dieser Idiot nicht weiß, dass ein

Auto auch eine Kupplung hat, fluchte ich und sah aus meinem Dachlukenfenster. Am Schuppen stand ein erdfarbener Ford Jeep »Willys« mit kyrillischen Buchstaben und vor der Motorhaube Sascha, mit ratlosem Gesicht und hilflos erhobenen Händen. Die schmale Stiege hinunter und raus aus dem Schuppen.

Ich sah gerade, wie der Russe wütend mit dem Fuß gegen das Vorderrad des Jeeps trat. »Amerikanski Automaschina Schjeisse«, fluchte er dabei. Als ich ihm erklärte, dass dieser Wagen das beste militärische Kommandofahrzeug der Welt wäre, winkte er geringschätzig ab. Warum er mit diesem besten Auto der Welt schon zweimal umgekippt sei, wollte er wissen.

»Weil du vielleicht gefahren bist wie ein besoffener Kutscher mit der Troika.«

»A Troika nix umkippen!«

»Pferde haben ja auch Verstand«, fluchte ich zurück und klappte die Motorhaube auf. Ich brauchte nicht lange zu suchen. Jemand hatte den Bowdenzug für die Kupplung erneuert und danach das Einstellen der Kupplung und das Anziehen der Sicherungsschraube, die den Bowdenzug im Widerlager arretiert, vergessen.

»Weiß du, wie man bei uns dazu sagt, Sascha?«

»Ich nicht wissen, Wanja!«

»Wir sagen dazu Schlamperei!«

»Und was cheißt Schlamperei?«

»Mist, Sascha, Nawos!«

Die Reparatur war eine Sache von Minuten und dann lief der »Wyllie« wieder wie in alten Tagen. Doch vor dem Losfahren meinte der Russe, wir müssten erst noch einmal in meine Stube gehen.

Zwischen den beiden hinteren Längsbänken hatte Sascha zwei Säcke deponiert. Einen davon drückte er mir in die Hand, den anderen nahm er selbst. »Nu paschlie – gehen wir!«

Dort stellte Sascha erst einmal den Sack auf den Boden und sah sich um. Ich sah, wie er den Kopf schüttelte. Ein Stuhl, ein Tisch und ein

Bett – wenn jetzt noch ein Gitter vor dem Fenster und die Tür abgeschlossen wäre, wäre das wie »Karzer«, hörte ich ihn.
»Sascha, du, ich brauche doch keinen Palast. Wie viele Menschen müssen so leben.«
Der Russe winkte ab. Mir wäre nicht zu helfen. Ich sei noch dümmer als ein Welpe von drei Wochen, doch auf den passe ja die Hundemutter auf. »Kohle liegen vor Tür – aber Stube nix Ofen. A pagadi – wenn Winter – du kannst gehen vor Tür und warten. Vielleicht kommen Metwjet, das ist Bjär, sehr groß. Du ihn dann fragen können: Kamerad, du mir geben deine Pelz, ich sehr viel frieren – und er wird dich auffressen, vielleicht auch nicht, denn an dir ist ja nicht viel dran.«
Dann betrachtete er mich von oben bis unten missbilligend und erklärte, dass ich aussehen würde wie ein Vertreter der Karelischen Dorfarmut aus der Zarenzeit. So könne ich unmöglich zum Depotchef von Neuruppin fahren, entschied er und befahl: »Ausziehen, Jacke, Chose i Chemd!« Zwei russische Militärfeldblusen, eine olivgrüne aus Kammgarnstoff und eine weiße aus Leinen zauberte Sascha aus dem Sack hervor, dazu eine schwarze Stoffhose und ein Paar Stiefel. Es wären gute Stiefel, erklärte mir Sascha. Man erkenne sie daran, dass man mit dem Schaft das Feuer unter einem Samowar anfachen könne, so, als wäre es ein Blasebalg.
Die Hose passte wie vom Schneider gemacht, doch Sascha war unzufrieden. Die Hose wäre richtig, aber nix gut für Stiefel!
Und da war es wieder, das unvergleichliche, spitzbübische Lächeln auf dem zu früh alt gewordenen Jungengesicht. »Anderer Chose anziehen, bitte«. Dabei holte er aus dem zweiten Sack eine ebenfalls olivgrüne Stiefelhose hervor. Dies wäre nun das Richtige, verkündete er und trieb mich sogleich wieder zur Eile an. »Bistra, Wanja, bistra…«
Dann sah er meine Strümpfe und schüttelte den Kopf und seufzte scheinbar gramgebeugt, dass ich noch schlimmer sei als ein Schuljunge. Alles müsse er für mich mitdenken… Zwei Bündel Wollsocken

wechselten ihre Besitzer, dann die Stiefelhose an und... Ich wollte,wie gewohnt, die Bluse in den Hosenbund stecken...
»Was für eine Teufel dich gelehrt Gymnastjorka (Feldbluse) so anzuziehen...«
Achselzucken, grübeln... Sascha zog mich an und murmelte dabei: »Mussen dich anziehen wie kleine Maltschik (Junge)«.
Dann war Sascha fertig. Er zog die Feldbluse aus dem Hosenbund und zog die Schöße glatt. »Erzdummer Teufel«, murmelte er dabei, griff erneut in den Sack und schnallte mir ein dunkelbraunes Offizierskoppel um. So wäre es schon besser, meinte er. »I nu, du Stiefel anziehen«, befahl er. Ich tat es. Sascha war etwas zufrieden, nur »Schafti« nix gutt, »mussen sein wie Charmonika...« Mit den Schnallen schaffte er es. Ich solle aufpassen, bei offiziellen Besuchen – immer müssten die Falten über dem Koppel glatt sein.
»Sascha, du bist ein Verrückter«, konnte ich nur sagen.
Er rollte die Augen. Er sei nix »vallustra«, aber ein Kommissar müsse Autorität haben, und um dies zu unterstreichen, zog er mir eine Lederjoppe mit ausknöpfbarem Futter über und stülpte mir eine schwarze Ledermütze auf. Zwei Schritte trat er zurück, prüfte und erklärte: »Na gutt, Towarisch Kommissar«. Hätte ich in diesem Moment einen Spiegel gehabt, ich glaube, ich hätte mich selbst nicht erkannt.
Der Jeep rollte über den Bahnübergang, durch die noch morgenleere Stadt. Dass Sascha bei den ersten Ecken die Bordsteinschwellen mitnahm, ließ ich geschehen, dass er jedoch, draußen auf der Landstraße, von fünf Kurven vier auf nur zwei Rädern nahm, verübelte ich ihm. An einem Feldweg ließ ich ihn halten.
»Setz dich rüber«, befahl ich.
»Wanja, warum?«
»Weil ich nach Neuruppin ins Lokomotivdepot will und nicht ins Chospital.« Außerdem halte man das Lenkrad nicht so wie ein sibirischer Jäger sein Beil, und den Schalthebel fasse man nicht an wie eine Waschfrau den Rührknüppel am Waschfass. Mit der hohlen Hand-

fläche werde geschaltet, und unwillig ging es mir durch den Kopf, dass mich die Deutsche Reichseisenbahn dafür bezahlte, eine Lokomotive zu führen und nicht dafür, einem Russen die Grundbegriffe des Autofahrens beizubringen.
Kurz hinter Kremmen stoppte mich ein Regulierposten der Roten Armee mit der seitwärts ausgestreckten, roten Signalflagge.
»Kommandurowkaprikas – Dienstreisebefehl« wollte er sehen. Ich gab ihm meinen »Propusk«. Der Stempel genügte. Die rechte Hand an der Feldmütze meldete der Korporal, dass es in seinem Kontrollbereich keine besonderen Vorkommen gäbe und zu Sascha gewandt meinte er, »der deutsche Kommissar hat dich wohl abgesetzt, was Unterleutnant?«
Doch mein Kommandant erklärte ihm, der »Fritz« wäre ein guter Techniker, aber nun solle er »moltschatch« – die Schnauze halten, der Deutsche verstehe jedes Wort. Verlegen zupfte der Posten an seiner Feldbluse und winkte dann mit der gelben Signalflagge.
»Gute Fahrt – und ich wünsche Gesundheit, Genosse Kommissar!«
»Danke, Junge!« Der »Wyllie« schnurrte weiter.
Ein Russenauto auf dem Bw-Hof, ein Offizier und einer mit einer schwarzen Lederjoppe, das war schon eine Sensation. Die Bürofrauen und Mädchen drückten sich an den Fensterscheiben die Nasen platt. Der Vorsteher unterbrach seine Dienstbesprechung und entschuldigte sich dafür, dass er keinen Dolmetscher habe, doch wenn er könne, würde er uns helfen. »Dolmetscher nicht nötig. Deutsch Kommissar alles sagen« erklärte Sascha.
Es wäre alles etwas inoffiziell, begann ich, aber der Dienstweg wäre zu lange. Wir bräuchten einen Turbogenerator für die Dampflok und würden dafür eine 24-Volt-Lichtmaschine für die V 36 geben, nagelneu. Sein Berater, der Werkstätteningenieur, flüsterte dem »Alten« etwas ins Ohr. Ich sah es.
»Wenn zwei flüstern, ist der Dritte seines Lebens nicht sicher«, raunte ich Sascha zu, allerdings so laut, dass die beiden Deutschen es hören

konnten. Sichtlich verlegen erklärte der Vorsteher, dass dies für ihn alles etwas ungewöhnlich sei. Die Lichtmaschine sei viel teurer als so ein Turbogenerator, außerdem sei er nicht neu, sondern nur aufgearbeitet… Nun sind Bürogespräche nicht meine stärkste Seite, ich werde dabei leicht ungeduldig.

»Mann, Vorsteher, wir wollen Ihnen dat Ding doch nich vakofen, wir wollen nur tauschen. Lassen Sie das Gerät prüfen und geben Sie uns dafür den Turbo – allet is jeritzt. Is nur ne Abkürzung des Dienstweges.«

Dann ging alles sehr schnell. Die Lichtmaschine lief fast lautlos und der Prüfmechaniker meinte, dass sie summen würde wie ein Bienenhaus bei Regen. »Und denn kriegen wia von de Russen noch drei Sätze Schleifkohlen, Chef!«

Doch eine Liebe ist die andere wert. Ich bestand darauf, dass auch der Turbogenerator zu prüfen sei. Das erste Gerät schied gleich aus. »Das Ding brummt wie ein Heuwender. Das ist das Turbinenlager, das hat eine Macke.« Am nächsten Aggregat fand ich keine Beanstandungen, der Regler arbeitete bei allen Dampfdrücken einwandfrei. Die nehmen wir, entschied ich.

Völlig atemlos kam einer der Lehrlinge über die Werkstattgleise gehetzt. Nach Luft schnappend erklärte er seinem Dienstherren: »Chef, ick soll nur bestellen vom Brigadier – die 23 hat wieder Licht, elektrischet…«

Noch am gleichen Abend lief im Lokbahnhof Velten auch eine Lichtmaschine. Sie gehörte der 89 6112, einer mecklenburgischen T 3 b. Sascha, der Kommandant, hatte mir versprochen, dass er zwei Soldaten zur Hilfeleistung an unserer Lokomotive abstellen würde, selbstverständlich ausgesuchte Leute, gute Soldaten und vor allem »Spezialisten«. Er hätte ihnen gesagt, die Maschine wäre so etwas Ähnliches wie das Patenkind der Roten Armee.

Es war frisch an diesem Märzmorgen, und der Wind, der von der Havel herüberwehte, war kalt.

Noch im Schuppen, in dem mehrere T 3 ihr frühes »Hasenschläfchen« hielten, vernahm ich das verhaltene Wiehern eines Pferdes. Vorsichtig spähte ich durch die Windfangtür. An der Schuppenwand stand ein leichter, einspänniger Wagen mit einem schwarzen, zottigen Pferd davor, das unter dem Geschirr gebeugt die spärlichen Grashalme rupfte. Zwei Soldaten begannen, Leitern, Farbkübel und Handwerkszeug abzuladen. Einer von ihnen, ein Gefreiter mit viel zu großer Uniformbluse, schimpfte wie ein Rohrspatz. Es wäre eine Schweinerei, was man hier mit den Soldaten machen würde. Der Krieg sei längst zu Ende und zu Hause wäre Arbeit, mehr als genug, warum sie hier für die »Fritzen« die Pinsel quälen müssten.
Sein Kamerad, grauhaarig, und mit einem Bart wie Birkenreisig, der anstelle des Militärkäppis eine schwarze Pelzmütze mit rotem Deckel, geviertelt durch zwei gelbe Streifen trug, beschwichtigte den Jungen.
»Bei der heiligen Mutter des Erlösers von Kiew, willst du uns in Teufels Küche bringen? Halt bloß die Schnauze. Der Chef hier vom Depot ist ein deutscher Kommissar. General Kwaschnin, der Chef der Eisenbahntruppen, hat ihn hergeschickt. Jedes Wort Russisch versteht der. Den Kommandanten hat er zusammengeschissen wie einen Kater, den man am Sahnetopf erwischt hat. Nur weil das Auto nicht funktioniert hat und weil der Unterleutnant wohl bei der Fahrschule nicht richtig aufgepasst hat. Ein besoffener Kutscher geht mit einer Troika besser um als du mit einem Auto, soll er gesagt haben und ist dann selber gefahren – aber wie ein Gott, hat der Kommandant gesagt.«
Durch die Windfangtür ging ich nach draußen.
»Dobre utrom, towarschtschi krasniarmisti – Guten Morgen, Genossen Rotarmisten«, begrüßte ich die beiden.
»Guten Morgen, Genosse Kommissar.«
Die Zwei standen wie die Zinnsoldaten, nur der Gefreite zupfte noch an den Falten seiner Feldbluse.
Sie sollten bequem stehen, erklärte ich. Wir müssten uns doch erst einmal bekannt machen, und ich sagte ihnen, wie ich hieß und wer ich

war. Bei dem Obersergeanten begann ich. Es war ein Mensch, von dem man annehmen könnte, er hätte bei Repins »Wolgaschlepper« Modell gestanden. Ein zerfurchtes Gesicht und dunkle Augen, aber mit einem Glanz wie Sterne über der Steppe.

»Na, Kosak? Wie kommt ein Adler vom Don in diese Gegend, Väterchen?«

»Woher weißt du, dass ich Kosak bin, Söhnchen... Verzeihung, Genosse Kommissar...«

»Lass man sein. Wenn ich zu dir Väterchen sage, darfst du mich auch Söhnchen nennen oder wenn du meinst, dass es nötig sei, mir auch die Hosen stramm ziehen. Auf Russisch ist mein Name Iwan Iwanowitsch.« Die streng militärisch disziplinierte Miene des Alten verwandelte sich zu einem Lächeln. Dann dürften sie zu mir vielleicht »Kommissar Wanja« sagen, das spräche sich nämlich bequemer. Übrigens, er wäre Fjodor Nikolajewitsch.

»Na gut«, sage ich einfach »Väterchen Fjodor, einverstanden?«

»Kanjeschna, Wanja!«

Der zweite Russe stand wie der Flügelmann auf einem Paradeplatz. Er sei der Gefreite Rabinin, Pjotr Maximowitsch, meldete er. Ich sah ihn an, den Pjotr. Ein schmales Gesicht, der Hals viel zu dünn für den Kragen der Militärbluse, auf der ich vier Verwundetenlitzen und zwei Tapferkeitsmedaillen bemerkte. Vier Kriegsverwundungen und zwei Medaillen für Tapferkeit?

»Da hättest du doch schon längst zum Korporal oder Sergeanten befördert sein müssen. Warum nicht?«

Der Junge zuckte die Schultern. Er hatte gehört, dass so etwas vorgeschlagen worden sei – aber dann kam doch nichts. »Vielleicht hat man es in der Administration vergessen. Aber ich habe ja auch eigentlich nichts Besonderes getan, ich hab doch nur versucht, unsere verwundeten Jungens aus dem Feuer zu schleppen..., dass es einen dabei auch selbst erwischen kann, ist ganz natürlich.«

Warst du bei Seelow auch dabei, wollte ich wissen.

»Frag mich bitte nicht, Kommissar! Alle Kriege sind furchtbar – aber Seelow war die Hölle!«
Menschenschicksale! Wie viele Leiden, Schmerzen, Hoffnungen und Enttäuschungen sind damit verbunden, Liebe und Tod dicht nebeneinander – und alles Menschenwerk! Gemeinsam schleppten wir Material und Werkzeug in meine Dachkammer. Als Väterchen Fjodor den Raum sah, schob er seine Tschapka in die Stirn.
»Das deine Bjuro, Wanja?«
Als ich bejaht hatte, schüttelte er nur den Kopf. Das hier wäre keine Stube, auch kein Büro. Die Kasematten der Peter- und Pauls-Festung von St. Petersburg, in der die Zaren ihre Staatsgefangenen fest hielten, wären dagegen noch ein Luxusappartement. Keinen Ofen in der Stube, dafür aber eine Katze…
»Väterchen, die brauche ich!«
»Wozu?«
»Sonst fressen mich die Mäuse an.«
Fjodor rieb sich die Hände und hauchte in die Handflächen. Kalt wäre es in meinem Büro, erklärte er mir, aber ihnen würde sicherlich bald warm werden. Ob ich etwas dagegen hätte, wenn wir noch schnell etwas zum »Aufwärmen« nehmen würden… oder ob das Reglement das verbieten würde? Als ich den Kopf schüttelte, zog Pjotr seinen Rucksack heran und entnahm ihm einen großen, flaschenähnlichen Gegenstand. Ein Etikett befand sich nicht darauf. Ich zog den Papierkorken heraus und roch an der Flasche. »Samochonka« – Selbstgebrannter – sagte ich nur. Der junge Gefreite setzte sofort eine Unschuldsmiene auf, nur Fjodor meinte, was denn dabei sei. Bei ihm zu Hause am Don würden alle brennen und selbst der Pope, der Älteste und sogar der Parteisekretär vom Rayonkommitee hätte nichts dagegen. Ja, wenn der Pope, der Dorfälteste und noch ein paar andere Heilige nichts dagegen hatten, was sollte ich da sagen? Ich besaß nur ein paar leere Mostrichgläser und stellte sie auf den Tisch. Fjodor goss sie drei Viertel voll.

»Weißt du, Söhnchen, wie man in Russland sagt? Hundert Werst sind keine Entfernung, hundert Worte kein Gespräch – und hundert Gramm keine Sauferei! Na Sdarowie – auf die Gesundheit!«
Wieder beging ich den gleichen Fehler wie bei meinem ersten Kommandantenbesuch. Das erste Glas in einem Zug nehmen, dann Luft holen und danach mit dem Handrücken die Lippen abwischen. Die beiden Russen hatten es selbstverständlich bemerkt. Ich hörte, wie Pjotr zu seinem Kameraden sagte: »Wenn der Kommissar ein Deutscher sein solle, könne er auch von Tataren abstammen!«
Mein Assistent war des Lobes voll. Da ich ihn gewissermaßen als Werkmeister für unsere Lokomotive eingesetzt hatte, war er wie ein Schäferhund um die Herde immer um die beiden Russen und die Lokomotive herum.
»Die beiden ackern, als hätten sie Angst, die Arbeit würde ausgehen«, erklärte er mir. »Wenn man denen gezeigt hat, wie es sein soll, machen sie das akkurat!«
»Stopfbuchsen verpackt, Robert?«
»Alle, Jochen! Für die Kolbenstangen habe ich dem Giftzwerg noch zwei originale »Burgmann«-Packungen aus dem »Kreuz geleiert«, der hat nämlich noch welche und einen kompletten Satz Lukenringe auch noch.«
»Die hat er dir freiwillig gegeben?«
»Na so freiwillig vermutlich nicht, aber ich habe ihm gesagt, dass ich gehört hätte, wenn die Lok fertig wäre, kämen zwei Offiziere von der GPU zur Abnahme – und wenn dann eine Luke laufen würde... Da hat der vielleicht das Grübeln bekommen und mir den kompletten Satz vermacht...«
Ich meinte, dass seine Handlung schon eine halbe Erpressung wäre, aber der Zweck heilige eben die Mittel. Dann teilte mir Robert noch mit, dass am nächsten Tag alle anderen Maschinen im Freien abgestellt werden müssten. »Dann ist unsere nämlich fertig lackiert, und wenn einer auf der anderen Maschine den Bläser aufmacht, fliegen der ge-

samte Ruß und die Flugasche auf die frische Farbe, was meinst du, wie hässlich das aussieht.«
»Weiß der Giftzwerg das schon?«
»Klar! Der weiß doch schon, was passiert, wenn nicht...«
Robert wollte gerade meine Kammer verlassen, als er sich noch einmal umdrehte. Er wolle mir nur sagen, dass es bald Mittag wäre. »Die Kathi wird gleich kommen, sie hat Erbsensuppe für dich gekocht...« Halblaut setzte er hinzu, er wisse auch nicht, was plötzlich in das Mädchen gefahren sei, es wäre wie umgedreht. Kürzlich habe er gehört, dass es beim Kaninchenfüttern gesungen habe, ganz leise vor sich hingesummt, irgend so eine Melodie.
Klopfen an der Tür.
»Wenn es das Milchkannenmädchen ist, kann es reinkommen« rief ich. Schwer atmend stand das Mädchen im Türrahmen, in der einen Hand die Aluminiumkanne, in der anderen einen Einkaufsbeutel. Beides stellte sie auf den Boden und wischte sich mit der Hand die Stirn. Doch sie lächelte.
»Es ist etwas später geworden, Herr Genosse Kommissar, doch ich hatte die Teller vergessen und da musste ich langsamer fahren, damit nichts kaputtgeht.«
Dabei bückte sie sich, um Minka zu kraulen, die schnurrend um ihre Beine strich, um ihre Streicheleinheiten abzufordern. Sie könne dann schon einmal anfangen den Tisch zu decken, wenn sie wolle, meinte ich.
»Dann kannst du gleich mitessen«, schlug ich vor.
»Sie wollen mit mir zusammen Mittag essen«, hörte ich sie etwas ungläubig. Nun, das wäre doch ganz normal, zu zweit schmecke es immer besser. Kathi hatte an alles gedacht, nicht nur an Löffel, auch an eine Schöpfkelle. »Ich wünsche guten Appetit, Herr Genosse Kommissar!«
»Danke, gleichfalls, Kathi – aber den Herrn Genossen Kommissar vergiss mal, erstens ist das falsch und zweitens hört es sich furchtbar an.«

»Und wie darf ich zu ihnen sagen? Herr Mahnke sagt einfach Jochen zu ihnen, aber sie fahren ja auch beide zusammen auf einer Lokomotive.«
»Dann mach es einfach wie die Russen. Die sagen Kommissar Wanja zu mir.«
»Jochen ist die norddeutsche Form von Johann – und Johann heißt auf Russisch Iwan und davon ist Wanja die Kurzform.«
Ich sah, wie sie die Augenbrauen zusammenzog und sich dabei auf der Nasenwurzel eine kleine Falte bildete. Sie überlegte, dann entschied sie: »Kommissar Wanja ist gut, spricht sich schnell aus – und ist einfach. Aber: Hand drauf geben!«
Ich tat es über den Tisch hinweg, und sie griff mit beiden Händen zu.
»Abgemacht, Wanja!«
Unsere Suppe war inzwischen schon etwas abgekühlt, aber Erbsen mit Speck, von dem Letzteren nicht zu knapp, das war etwas für meines Vaters Sohn.
»Schmeckt es dir, Wanja?«
»Wenn es nur ums Kochen gehen würde, könntest du schon heiraten.«
»Aber ich kann auch waschen und Strümpfe stopfen.«
»Und was willst du mal werden, was möchtest du lernen?«
Sie sah auf die Tischplatte und malte mit dem Zeigefinger irgendwelche Muster auf das Holz. Das Mädchen hatte den Kopf gesenkt und murmelte:
»Lach mich bitte nicht aus – aber, wenn es ginge, wäre ich gern Tierärztin geworden. Tiere können nicht sagen, was ihnen wehtut, können auch nicht verraten, von wem und wie sie gequält werden. Wenn eine Kuh vor dem Pflug im Geschirr laufen muss, kann sie nicht mehr viel Milch geben – und wenn sie das nicht mehr kann, kommt sie ins Schlachthaus. Die armen Tiere, sie sind besser als die Menschen. Ich wollte ihnen helfen, aber ich glaube, die Tierärztin muss ich mir wohl aus dem Kopf schlagen. Erzähl das aber bitte nicht Herrn oder Frau Mahnke, die sagen sonst vielleicht, ich spinne.«

Natürlich würde kein Mensch von dem, was wir besprochen hatten, etwas erfahren. Das bliebe unser Geheimnis.
»Hast du denn schon so etwas wie einen Schulfreund, Kathi?«
»Nein, Wanja – und ich will auch keinen von denen, die damals zu mir doofe Flüchtlingsgöre gesagt haben, und ausgelacht haben sie mich, weil ich damals Läuse hatte und ganz kahl geschoren war. Die Erwachsenen waren auch nicht besser. Für die waren wir Flüchtlinge nur das Bettelpack und so ein Waisenkind wie ich nur ein unnützer Fresser.«
Wenn ein Mensch schon im Kindesalter bemerken muss, wie kalt seine Umwelt, seine Mitmenschen sind, hinterlässt das Wunden in seiner Seele und selbst wenn diese verheilt sind – die Narben bleiben. Beruhigend strich ich ihr über das Haar. »Ist doch alles vorbei, Spatz, es wird doch alles gut.«
Auf dem Fußboden klirrte zerbrechendes Porzellan. Es war der Teller, den das Mädchen in der Hand hatte. Ohne auf die Scherben am Boden zu achten, kam sie auf mich zu, fasste nach meiner Hand und sah mich groß an. »Warum hast du Spatz zu mir gesagt?«, wollte sie wissen. »Weil du wie ein kleiner Spatz bist, scheu, ängstlich, noch nicht richtig ausgefüttert…« Einen Moment überlegte sie und sagte dann nur: »Ach so, deshalb« um gleich darauf das Thema zu wechseln.
»Hast du eine Frau?«
»Ja, eine Freundin!«
»Und was macht die?«
»Sie fährt eine S-Bahn!«
»Ehrlich, eine richtige S-Bahn, auch unter der Erde?«
»Auch das!«
»Eine tolle Frau! Wie heißt sie denn?«
»Lisa!«
»Und, hat sie dich lieb?«
»Ja, ich glaube schon.«

»Was heißt glauben, das muss man wissen, so etwas merkt man doch – und du? Hast du sie auch lieb?«
»Ja!«
»Sehr, ganz doll?«
Kathi holte Müllschippe und Handfeger und begann die Scherben zusammenzufegen.
Ich sah, wie das Mädchen dabei den Kopf schüttelte und vor sich hinmurmelte: »Diese Erwachsenen! Warum seid ihr nur so kompliziert?«
»Wie meinst du das?«
Sie stand aus ihrer Hockstellung auf und pustete sich eine Haarsträhne aus dem Gesicht.
»Genosse Kommissar Wanja«, hörte ich sie im strengen Ton. »Du bist fleißig, klug, hilfst wie du kannst und bist ehrlich, das sagen auch die, die die Russen nicht mögen, aber manchmal bist du dumm. Wenn ich einen Freund hätte, der so wäre wie du, den würde ich greifen, mit beiden Händen fest halten und nie wieder loslassen. Heiraten ist wie der Einkauf im Konsum. Man sieht etwas, was zu einem passt und einem auch gefällt und will es am nächsten Tag kaufen – aber dann ist es weg, das gute Stück. Wer zu spät kommt, den bestraft das Leben. Oder ist dir die Lisa nicht hübsch genug?«
»Doch, hübsch ist sie, sehr sogar!«
»Na siehst du. Dann mach doch endlich Nägel mit Köpfen. Du kannst mir glauben: Ich weiß, wie Frauen denken…«
Am nächsten Tag, es war schon gegen Abend, kam Robert mit den beiden Russen in meine Arrestzelle. Alle drei sahen aus, als hätten sie mit der Nase Koks gekloppt. Väterchen Fjodor meldete kurz und militärisch: Befehl ausgeführt, Lokomotive einsatzfähig! Sie nahmen mich mit hinunter in den Schuppen. Als ich die Tür öffnete, blieb ich verdutzt stehen. War das noch die alte Mecklenburgerin? Langkesselbleche, Wasserkästen, Führerhaus – alle Flächen geschliffen und gespachtelt und grün lackiert und mit dunkelroten, schwarz ausgelegten Zierstreifen versehen, Rauchkammer und Schornstein schwarz und

leuchtend rote Räder mit weißen Radreifen. An der Führerhausseitenwand, an der zuvor das Messingschild mit der Aufschrift »Osthavelländische Kreisbahn« prangte, war jetzt in akkurater Schablonenschrift und in kyrillischen Buchstaben CCCP und darunter das Abbild des mit dem Hammer gekreuzten verstellbaren Schraubenschlüssels (Engländer) zu sehen, darüber natürlich der unvermeidliche rote Stern.

Im Stillen verfluchte ich meine beiden russischsprachigen »Fremdarbeiter«. Die ahnten ja nicht, was sie mir in ihrer verdammten, russischen Gutmütigkeit eingebrockt hatten.

Doch in meinen Überlegungen war ein Fehler. Ich vergaß, dass unter den »Altgedienten« nicht wenige waren, die man bereits dreimal in der Geschichte geschunden, gequält, belogen und betrogen hatte, vom Kaiserreich, von Weimar, und vom »ewigen Dritten Reich«. Solche Erfahrungen produzieren nicht nur ein verständliches Misstrauen, sondern auch einen Spürsinn für Realitäten.

Das bemerkte ich bereits am nächsten Morgen, als ich mir mit etwas flauem Gefühl im Magen das russische Emblem am Führerhaus betrachtete. »Haste jut hingekricht, Meesta«, hörte ich eine Stimme hinter mir. Es war der »Giftzwerg« und noch drei von den »Hiesigen«. Vier gegen Einen? Meine Chance schien sehr gering.

»Wat solln det, mit hinjekricht?«

Einer der drei Begleiter des »Schuppenfürsten« klopfte mir auf die Schulter. Der größte Spitzbube aus dem Havelland würde sich lieber einen Finger abhacken lassen, als auch nur einen Splint von der »Russenlok« wegzunehmen. Der wüsste ganz genau: Diebstahl von russischem Militärgut wäre Sabotage, und dafür wäre die GPU zuständig. Es sei ja bekannt, dass diese Kameraden in solchen Sachen keinen Spaß verstehen würden. Hinter dem Ural solle es Wälder geben, da hätten die Baumstämme einen Durchmesser, an dem eine vierköpfige Familie eine Woche lang zu sägen hat. Sicherlich würden sie dort auch die russische »Taiga-Toilette« kennen lernen; eine Astgabel

und einen Knüppel, die Astgabel für die Wattejacke – und den Knüppel für die Wölfe.
Der Sprecher war ein Mann in den Fünfzigerjahren. Seine Hände waren wie meine, zernarbt, schwielig und hart – nur etwas breiter.
Er streckte sie mir entgegen. »Du heißt Jochen, stimmt doch?« Ich bejahte. »Ick heiße Georg – ‚Orje' würden wir Berliner sagen. Jeboren bin ick übrigens uffn Wedding!«
Ich ergriff die mir dargebotene Hand.
Das Eis zwischen uns war gebrochen. Es wäre doch schließlich egal, was an der Lokomotive dranstehe. Deutsche Reichsbahn sei blöde – das Deutsche Reich hätte 45 aufgehört zu bestehen, und die »Osthavelländische« gäbe es nur noch zwischen Spandau und dem Johannisstift. Früher habe an den großen Maschinen drangestanden »Räder müssen rollen für den Sieg« – und der kam nicht. Dann hatten sie ganz groß »Einheit« rangemalt, doch stattdessen jetzt zwei Vaterländer, eins im Westen und eins hier, aber jedes behauptet von sich, das einzig Wahre zu sein.
Vermutlich wären unsere Gespräche noch über Stunden hinausgegangen, wäre nicht Väterchen Fjodor gekommen. Er müsse mir was ganz Wichtiges zeigen. »Du bitte mitkommen, Kommissar!«
Er marschierte mit mir durch den Schuppen, die schmale Stiege hoch zu meinem Dach, die mir plötzlich so eigentümlich nach frischer Farbe roch. Es hätte ihn sehr getroffen, als ihm der Kommandant erzählt hätte, mein Zimmer würde schlimmer aussehen als »Karzer«. Auch die »Doktorin«, die alle drei Wochen komme, habe gesagt, der deutsche Kommissar sehe im Gesicht aus wie ein Erlöser auf einer Ikone. Hat der Deutsche denn keine Frau oder Mutter, die sich um ihn kümmert?
Dann durfte ich schließlich nach oben, in mein Zimmer. Anstelle der kriminellen Beleuchtung hing eine normale Pendellampe von der Decke, und die Wände waren weiß tapeziert. Das Zimmer erschien mir doppelt so hell. Aber auch die rote Fahne und ein Lenin-Bild fehlten nicht. Tisch und Stühle waren auch irgendwie anders, doch der

Obersergeant erklärte nur, dass man aus drei kaputten Stühlen einen ganzen machen könne, und er hätte eben in »Gostinniza« – in der Gaststätte nachgefragt, ob sie nicht Stühle hätten, »kaputti«. Der Gastwirt hätte gemeint, er solle den ganzen Mist mitnehmen…
Stirnrunzelnd sah er mich an und fragte: »Iswinitje, Towarisch Kommissar, was cheißen Mist?«
»Mist – das ist Nawos, ponjatna!«
Die wachsamen Augen unter den buschigen Brauen sahen mich an.
»Verstehen – Mist est Nawos, aber wie du sehen, Mist noch ganz gut.«
Ganz unvermittelt stellte er seine Feldflasche auf den Tisch.
»Mit eurer gehorsamen Erlaubnis – einen Schluck für die Gesundheit.« Ich trank einen davon, dachte, mir zerreißt es die Eingeweide, hustete.
»Ach, Junge, du bist dumm, einen richtigen Wodka trinkt man vor dem Luftholen…«
Da der Obersergeant Fjodor der Ältere war, nannte ich ihn nach russischer Sitte einfach »Papascha« – Väterchen. Mir war damals schon bekannt, dass die »Iwans« heimlich Schnaps brannten, doch als Väterchen Fjodor noch eine Literflasche auf den Tisch stellte, kamen mir Bedenken. Seit wann wird denn in Deutschland der Schnaps in Literflaschen verkauft…

Es ging wieder einmal über alles. In Deutschlands größter »Bergrepublik« – sprich DDR, wegen der zahllosen Engpässe – fehlte es an allem. Angefangen von Kolbenringen, Ölsperren, Kupferrohren, Dichtungsringen bis hin zur rationierten Waschpaste. Nur eins gab es im Überfluss – Zeitungen – aber da war der Bedarf nicht so vorhanden. Es war zwar keine öffentliche Versammlung, niemand hatte sie anberaumt, aber die Stimme der von unseren Staatsoberen stets so hervorgehobenen Arbeiterklasse meldete sich zu Wort und zwar nicht bittend, sondern wie es ihrer Rolle im Staat gebührt, fordernd und es waren keine Lobeshymnen, die sich einige Funktionäre anhören mussten.

Plötzlich platzte Sascha in die Versammlung hinein, entschuldigte sich für die Störung, jedoch als Kommandant müsse er unbedingt seinen Kommissar sprechen. Ich sah einige betretene Gesichter im Präsidium. Scheinbar war es einer Reihe von Funktionären überhaupt nicht recht, wenn ein sowjetischer Kommandant und sein Kommissar, der eine ausgezeichnete Antenne nach Karlshorst zu General Kwaschnin haben sollte, sich das »Gemecker« mit anhörte. Doch ich packte den Stier bei den Hörnern. »Entschuldigt bitte, verehrte Genossen, wenn wir uns unberechtigt an diesem öffentlichen Meeting beteiligten. Die deutschen Arbeiter und Genossen sind unzufrieden, weil sie arbeiten wollen und mit leeren Händen dastehen, weil es an allem fehlt und ihr zu wenig dagegen tut. Es ist doch so, dass die Arbeiter im Laufschritt gehen, die Administration hinterherhinkt wie ein lahmes Pferd… Doch genug. Wir können, nein, wir müssen uns austauschen. Arbeiter haben voreinander keine Geheimnisse.«
Es gab Beifall, mehr als für den Partei-Bezirkssekretär, Rufe wurden laut. »Gut gemacht, Kommissar Wanja, richtig so! Wir sind die Arbeiter, wir haben die Macht!« Ich sah zu dem Rufer hinüber, es war einer aus dem Kesselbereich, ein guter Kumpel…
»Dann gebrauche sie auch, müssen denn die Russen alles für uns machen.«
Ich verabschiedete mich von den Teilnehmern des Meetings. Vor dem Schuppen stand Sascha. Als ich zu ihm ging, sah ich, wie er den Kopf schüttelte.
»Mannteufel«, sagte er nur.
Manteufel? Das war doch ein General der Deutschen Wehrmacht, vielleicht sogar Führer einer Heeresgruppe – aber mehr sagte mir der Name nicht.
»Du verstehen … wenn nicht Mann-Teufel – dann kann sein auch Teufel-Mann. Du sein dieser!«
Eigentlich hatte unser gemeinsames deutsch-russische Kauderwelsch immer ausgereicht, aber jetzt…? Und der Russe redete mit Händen und

Füßen. Wenn man in Deutschland einen guten Freund habe, einen, der auch für den anderen schwere Aufgaben löse, schwierige Situationen meistere…, dann »Deutsche sagen: du Teufelmann…« Heiliger Pawel, Wladimir oder wie ihr orthodoxen Heiligen auch heißen mögt, lasst für mich Hirn vom Himmel fallen! Doch zu meiner Überraschung ließen mich die beiden Heiligen, die wahrscheinlich nur kyrillische Schrift lesen konnten, nicht im Stich, obwohl ich nicht ihrer Konfession angehörte. Wie ein elektrischer Schlag zuckte es mir durch den Kopf: Mannteufel… Teufelmann… »Meinst du ‚Teufelskerl', Sascha?«

»Prawda, Wanja! Tjeufelskerl!«

»Und wie ist der?«

Der Russe lächelte und in einem Ton, als sage er ganz gewöhnliche Dinge, antwortete er: »Du – Tjeufelskerl!«

Es hätte ihm sehr gefallen, wie ich mit denen von der »Nomenklatura« umgesprungen sei. Ihnen hätte es nicht gefallen, was ich sagte – dafür umso mehr den Mechanikern, den Heizern, den Maschinisten, weil sie genau so einfach und natürlich denken würden. Doch dann wollte er wissen, was ich letztens auf der Eisenbahndirektion gesucht hätte. Nun, das wäre kein Geheimnis, erklärte ich ihm. Ich wollte mich nur um die Prüfungsunterlagen von meinen beiden Mitarbeitern kümmern. Irgendwann sei auch die längste Ausbildungszeit eines Lokomotivführers zu Ende, und weil angeblich die Personalunterlagen nicht auffindbar waren, wollte ich einmal nachfragen.

»Deine ‚Nachfrage' war wohl etwas sehr laut?«

»Ließ sich nicht vermeiden, Sascha, aber wenn jemand seine Lehrzeit abgeschlossen hat, steht ihm das Recht zu, geprüft zu werden. Mann, die beiden sind gute Mechaniker, ganz dufte Kumpels, fleißig, Mensch, die haben mehr Ahnung von der Eisenbahn als diese Tintenpi… da oben. Da bin ich eben »auseinander gegangen« und dann wurde es laut.« Der Russe lächelte.

»Und was hast du mit General Kwaschnin besprochen?«, wollte er wissen.

»Mit General Kwaschnin besprochen?« Ich tippte viel sagend gegen die Stirn. Ob bei ihm »hier oben« etwas kaputt wäre. Ob er tatsächlich annehme, ein General der Eisenbahntruppen, der wichtigste Offizier nach Marschall Shukow, würde sich mit einem einfachen Lokführer der Kleinbahn unterhalten.
»Aber du hast dort mit einem Offizier der Roten Armee gesprochen?«
»Ja, aber mit keinem General. Das war vielleicht ein Major oder so etwas, aber ein ganz patenter Mensch. »Kommissar, was schimpfst du so«, hat er mich gefragt und mich dann in sein Büro mitgenommen. Da haben wir erst einmal »eine geraucht« und eine Tasse Tee getrunken, und ich habe meinen Propusk gezeigt, ihm erzählt, warum ich so wütend war. Aber ein General war der nicht.«
»Woher du wissen?«
»Weil er keine breiten, roten Streifen an den Hosen hatte – und ohne Streifen kein General!«
Sascha grinste, als sollten seine Ohren Besuch bekommen.
»Nu, Wanja, bei Sascha nix kaputt nach Kopf! Ich soll dir sagen: schöne Gruß von General. Seine Leute hätten alle Dokumente gefunden und Examen für deine beiden Kameraden morgen. Alles Porjadok!«
Etwas belustigt dachte ich, dass die Russen doch schon einiges von uns gelernt hätten. Sagten sie früher meist: »Saftra wsjo budet – morgen wird alles«, genügt heute schon die kritische Nachfrage einer bekannten Person nach einem bestimmten Vorgang, um in der Behördenfestung der Direktion alle Puppen tanzen zu lassen, verbunden mit der Suche nach dem Schuldigen und einer geeigneten Ausrede. Aber Sascha unterbrach meine Lustigkeit.
»Du, Wanja – Dienstag neun Uhr – nach Berlin Karlschorst – zu Schtab von shelesnaja daroga (Eisenbahndivision), General will mehr wissen. Aber bitte – du in korrekte Uniform!«
»Aber die ist korrekt, Sascha«, protestierte ich.
Der Russe schüttelte den Kopf und öffnete seine Kartentasche. Ein etwas abgeschabtes Lederfutteral legte er auf den Tisch. Vorschrift bleibt

Vorschrift, erklärte er mir und die besage, dass der Kommissar seine persönliche Waffe im Dienst zu tragen habe. Obwohl das Futteral nicht aussah, als befände sich eine Klarinette darin, öffnete ich es. Einen russischen Armeerevolver, Kaliber 9 mm, zog ich heraus. »Putilow – Waffen- und Maschinenfabrik/St. Petersburg 1903«, las ich auf den eingestanzten Buchstaben über dem Griffstück.
Ich öffnete die Kammer, nahm die Patronen aus der Trommel und blickte durch den Lauf. Er war in Ordnung. »Damit habt ihr wohl schon 1905 gegen die Japaner gekämpft?«, fragte ich den Russen.
Der Nagan, so nennen die Russen diesen Waffentyp, wäre nicht schuld daran, dass Russland den Krieg verloren habe, antwortete er. Aber sonst sei es eine sehr zuverlässige Waffe. Ladehemmungen durch verklemmte Patronen, wie bei einer Parabellum, gäbe es nicht…
»Sascha, ich brauche doch keinen Revolver. Autorität habe ich auch so…«
Aber der Russe ließ sich nicht beirren. Prikas wäre eben Prikas, und darüber würde nicht diskutiert. Außerdem wäre der Colt nichts für die Autorität – sondern die Lebensversicherung.
»Sascha, mir tut hier kein Mensch etwas!«
Sascha sah mich an, fast so wie ein Bruder den anderen. Er kannte mal auf der Offiziersschule einen Kameraden, einen Sibirier. Wildhüter war der von Beruf und sollte nach Beendigung der Militärzeit staatlicher Forstangestellter werden, Taigajäger nannten sie ihn. Der hätte ihm mal von einer Tigerjagd erzählt und ihm erklärt: »Wenn du meinst, der Tiger sei tot – dann beißt er noch am schlimmsten!« Darüber sollte ich mal nachdenken. Ein in rotes Kunstleder eingefasstes Heft im Taschenkalenderformat schob er mir über den Tisch. »Deine Militärpass, Wanja! Du unterschreiben. Nummer von dein Nagan auch darin stehen.« Es stimmte, aber auch das Passfoto hatten die Russen von meiner Personalakte reproduziert.
Die Nacht über schlief ich unruhig, beinahe so, dass ich befürchten musste, »Madame Minka« würde sich beschweren und mich dafür am

Morgen mit Nichtachtung strafen. Doch ich hatte mich geirrt. Vielleicht war sie aber auch in der Nacht auf dem »Trial« und träumte jetzt von ihren Erlebnissen.

Der Schuppenheizer, der Mann, der mich damals als Erster in der Lokhalle begrüßt und mir die Aalsuppe, von der ich heute noch schwärmte, angeboten hatte, kam mir entgegen. »Morjen, Meesta, so früh uff schon? Na ja, kann ick ja vastehn, aba se brauchen sich keene Sorjen zu machen. So wie sie mit die beeden Jungens an die Karre rumjewerkelt ham, looft die ruhija alsn Omnibus,… Nen Kaffee? Na klar, det Wassa kocht schon…« Minuten später duftete die kleine Bude wie eine türkische Kaffeestube. Dies war auch die Ursache dafür, dass mein heutiger Assistent hereinkam, der ja für Robert Dienst verrichten musste. »Ooch, ech rieche Gaffe! Wart ä mol, dis gönnte »Ongo« oder »Melidda« oder ooch »Hins un Güster« sin. Ostgaffe is dis nich.« Sinnlos, sich mit Sachsen in eine Kaffeediskussion einzulassen. Wenn er seinen Kaffee getrunken – aber auch bezahlt habe, könne er ja nachkommen, ich ginge inzwischen zur Maschine, erklärte ich dem jungen Burschen.

Im Weggehen hörte ich noch, wie der Sachse halb entsetzt fragte: »Was, ä richtjer Iwan? Herrgott, schtell dir vor, ich hädde vielleicht ä boliddischen Witz erzählt…«

Minuten später war der Bursche an der Lok. Sichtlich verlegen stellte er seine Tasche auf den Führerstand und fragte nach den Schlüsseln für den Werkzeugkasten. »Was willste denn machen?«

»Abtranen!«

»Brauchste nich, is alles fertig, aber mach mal schon die Schuppentore auf, wir fahren erst einmal raus.«

Danach erläuterte ich, wenn er den Werkzeugschrank öffne, nur mit lautem Pfeifen und beiden Händen in den Hosentaschen.

»Und warum, Meesta?«

»Damit du nicht klauen kannst – und ich weiß, wo du bist.«

»Ich glaue nich, Meesta, ehrlich!«

»Wenn einer ehrlich sagt, dann hat er schon beschissen oder er will es zumindest versuchen…«

Danach erklärte ich ihm, dass wir handgebremst aus dem Schuppen fahren würden.

»Warum denn dis?«

»Damit wir sehen, dass sie auch hält.«

Die Lichtmaschine arbeitete fast lautlos, den Tausch mit der »Boschmaschine« brauchte ich nicht zu bereuen.

Achtungspfiff – und rausfahren. Es würde ein schöner Tag werden, dachte ich. Im Nordosten, dort, wo Oranienburg lag, färbte sich der Horizont bereits rosa. Es war fast windstill. Als ich die Luftpumpe anstellte und ihr Abdampf durch das hinter dem Schornstein angebrachte Abdampfrohr mit peitschendem Pfeifen ins Freie fuhr, weckte er die Schwalben, die an der Schuppenwand ihre Nester gebaut hatten. Zwitschernd zogen sie ihre Kreise und zeigten ihre Flugkünste. Sie mussten das Frühstück besorgen für die ewig hungrige Brut, die dann mit aufgerissenen Schnäbeln auf ihre Atzung wartete.

Vereinbart war, dass wir als Vorspann beim planmäßigen Personenzug nach Nauen fahren sollten. Zurück sollten wir einen »Dienstgutwagen« mit nach Velten nehmen. Als die Planlok am Zuge stand, setzten wir uns davor. Kurzes »Schwätzchen« mit den beiden »Hintermännern«. Sie sollten sich mit dem Dampf etwas zurückhalten, schließlich müsste ich ja sehen, was unsere »Eisenbahn« nach ihrer Kur leisten konnte.

»Haste heute einen neuen Linksaußen mit, wa? Du hast ja Robert und Dieter, seinem Kumpan, einen tüchtigen Schreck eingejagt, mit ihrer Prüfung. Als der Giftzwerg ihnen sagte, dass sie heute Prüfung hätten, begannen bei Dieter die Hände zu zittern, und Robert wurde weiß im Jesicht, wie ein frischjescheuertes Klosettbecken und hat nach Ausreden jesucht. Wie haste denn ihre Papiere jefunden?«

»Ich nicht, die Russen haben die Unterlagen gefunden.«

»In Spandau?«

»Die Direktion ist in Berlin und nicht in Spandau!«
»Früha war se aba in Spandau, Jochen!«
»Früha hatten wa een Kaisa – heute is eben vieles anders.«
Abfahren. Ich sah zu dem Sachsen hinüber und zwinkerte ihm zu. »Es geht los, Junge, Rom–Paris, über Erkner!« Die Mecklenburgerin stemmte sich in die Stangen, blies ihren ewig feuchten Nassdampfatem in den Himmel, rollte wie ein Autobus über den kiesgebetteten Schienenstrang. Neben dem Bahndamm ein gelbsandiger Feldweg, zerfurcht von Wagenspuren, dann Fließe, eingesäumt von Weiden mit knorrigen Köpfen. Seit Jahrhunderten schnitten die Tagelöhner und Landarbeiter die langen Triebe der Bäume ab, um daraus Körbe und Kiepen zu flechten. Selbst die Kinder mussten dabei mithelfen, etwas Zubrot ranzuschaffen. Daher die knorrigen Kronen der Weiden. Marwitz, der erste Haltepunkt. Der Personenzug mit fünf Wagen und zwei Lokomotiven, eine davon, die vordere, eine »ganz neue Russenlok«.
Vielleicht werden einige sagen: »Nun haben die Deutschen nach langer Zeit wieder eine neue Lokomotive gebaut, schon sind die »Iwans« da und reißen sich das Neueste unter den Nagel!«
Schwamm darüber. Es wird überall Blödsinn geredet. Die Lokomotive nimmt jede Unebenheit im Gleis wie ein durchtrainierter Läufer, wiegt sich in den Federn, aber kein Quietschen oder Knarren ist zu hören. Ein Einfahrsignal, einflüglig, der Bahnhof Bötzow, Umsteigepunkt nach Nieder-Neuendorf–Johannisstift–Spandau. Die Dampfpfeife gellt mit einer Fistelstimme. Sie gefällt mir überhaupt nicht, aber man kann es ändern. Am Bahnsteig Gedränge um die »Russenlok«. Drei Schuljungen sehen neugierig durch die offene Tür ins Innere des Führerstandes. Es ist schon etliche Jahre her, da hast du dich genau so gedrängelt, geht es mir durch den Kopf. Ein Blick zur Uhr – es könnte noch reichen.
»Na Jungens, wollt ihr mal rauf?«
»Na klar, gerne!«

»Aber langsam und höchstens zwei!«
Einen Lokomotivführer ausfragen, da kann man schon Unterrichtsbeginn und Abfahrtzeit vergessen…
In Nauen hängen wir ab. Die Bahnsteigaufsicht erklärt uns:
»Ihr fahrt rüber über die Weichen bis zum Stellwerk und dann ran an den einzelnen Personenwagen. Der Wagenmeister kommt gleich hin!«
Am Bock steht ein dreiachsiger »Preuße«, ein BCi 98 mit Halbtonnendach und Oberlicht. Eine Übergangsbühne ist offen, die andere geschlossen. Äußerlich sieht das Gefährt aus, als habe es erst kürzlich das Ausbesserungswerk verlassen. Laufwerk, Tragwerk, Bremse waren aufgearbeitet, sogar eine Lichtmaschine mit dem typischen »Treibriemenantrieb« war vorhanden.
Quer über die Gleise kam der Wagenmeister und ging gezielt auf mich zu. Ob ich der Kommissar von der Kleinbahn wäre, wollte er wissen.
»Das ist schon richtig, Meister«, meinte ich und zückte meinen Militärpass. »Mann lass bloß stecken, Genosse. Nur ein Verrückter kommt auf die Idee, sich eine Russenuniform anzuziehen, einen Colt umzuschnallen und sich als Kommissar auszugeben. Übrigens, du sprichst gut Deutsch. Man könnte annehmen, du wärst aus Berlin. Doch ist ja auch egal, ich zeig dir jetzt den Wagen. Die Eingangstüren haben ein extra Schloss, muss ja auch sein, rennt doch schon fast jeder mit einem Vierkant in der Tasche rum.«
Er öffnete die Einstiegstür. Ein Dunstgemisch aus Bohnerwachs und frischer Farbe schlug mir entgegen. Hatte mich das Äußere des über 60-jährigen »Preußen« bereits beeindruckt, erschien es mir, als habe bei der Innenrenovierung ein ganzer Stab von Innendekorateuren, Waggonspezialisten und Eisenbahnhistorikern mitgewirkt. Es sah aus, als wäre gestern aus diesem Wagen »SM – W. II.« ausgestiegen. Die beiden Wagenhälften, 2. und 3. Klasse in unterschiedlichen Seitenwandfarben, die 3. Klasse im typischen »eisenbahn-dunkelgelb«, die 2. Klasse im vornehmen dunkelbraun, natürlich beide mit schneeweißem Unterdach.

»Donnerwetter«, sagte ich nur. Mit berechtigtem Stolz erklärte mir der Vertreter der »Langstielhammer-Brigade«, dass man hier nicht »meckern« könne. Eine »Mini-Küche, Herd mit 2 Kochplatten und Kühlbox, elektrische Fremdeinspeisung für die Batterie, Dampf- und E-Heizung.«

»Gefällt mir«, erklärte ich.

»Hat der »Iwan«, der gestern noch hier war, auch gesagt – der hat übrigens noch einen Zettel für den Kommissar hier gelassen. Bist du det etwa?« Es war nur eine Seite aus einem Notizbuch.

»Vieler Gljuck in neuer Kwartira. Wer rabotti wie Pferd, darfen nicht leben wie Chund – Sascha!« Er war eben doch der »Towarisch Kumpel«. Dann zeigte mir der Wagenmeister noch, wie man in den 2. Klasse-Abteilen die Rückenlehnen hochklappen konnte und so vier Schlafplätze gewann. Doch es wurde Zeit, zurückzufahren. Spätestens um halb eins würde mein »Milchkannenmädchen« vor dem Schuppen stehen und mich suchen, und außerdem war das Frühstück heute Morgen ja schon »betriebsbedingt« ausgefallen und ich musste hören, dass mein Magen sich dies nicht gefallen lassen wollte. Also wieder zurück durch Bruch und Wiesen. »Wanderungen durch die Mark« hatte Theodor Fontane eine seiner zahlreichen Geschichten genannt und darin Land und Leute beschrieben. Doch damals waren die Zeiten andere, Fontane war ein »Studierter« und seine Erzählungen werden zur Weltliteratur gezählt. Bitte, vergleicht nicht seine Erzählungen mit meiner Geschichte. Sie war eben so, meine Zeit. Ich hab doch nur versucht, sie etwas besser zu machen…

Die Maschine restaurieren, ausschlacken, einen »Schluck« Wasser und eine »Mütze« voll Kohle nachfassen, nachsehen, ob noch alles dran ist, was ran gehört und feststellen, dass man mit der »Mecklenburgerin« einen guten Griff getan hat. Ein freundschaftlicher Klaps an die Seitenwand des Kohlekastens. »Bist schon ein braves Pferd, alte Lotte!«

»Das Mittagessen ist hier«, sagte eine Stimme neben mir. Kathi.

Anstelle der einen hatte sie heute in jeder Hand eine Milchkanne. Es wäre deshalb, weil Herr Mahnke doch heute zur Eisenbahndirektion musste und ein anderer Heizer mitfuhr. Der Herr Mahnke wäre ja sonst immer zur Mittagszeit nach Hause gekommen, zum Essen – aber der andere Heizer hätte bestimmt auch Hunger, da habe ich für zwei Mann gekocht.«

»Was gibt's denn Schönes?«

»Nudelsuppe mit Rindfleisch, mit Mohrrüben und Porree drin.«

Zu meinem Assistenten gewandt fragte sie: »Essen sie so etwas?« Als der bejaht hatte, wollte das Mädchen in den Schuppen und hoch zu meiner Kammer gehen. »Halt, halt, Kathi, wir essen heute woanders!«

»Woanders?« Stirnrunzeln und die Augenbrauen zusammenziehend und wieder die kleine Falte über der Nasenwurzel, bei Kathi das typische Zeichen für Misstrauen…

»Na komm erst mal mit.«

Unser Wagen stand ein Gleis weiter neben dem Schuppen.

»Was denn, Kommissar Wanja, hier hinein? Wer wohnt denn hier?«

Ich schloss die Tür auf. »Immer hinein, Mädchen!« Doch das Trittbrett war zu hoch. »Sachse, fass mal mit zu, damit der kleine Geist hier hoch kommt…«

»Geht seinen Gang, Meister!«

An der Tür blieb das Mädchen stehen, es hatte große Augen vor Staunen.

»Sieh mal, Wanja, ein richtiges Büro, sogar mit Schreibtisch und an dem großen Tisch können bis zu acht Personen sitzen!«

Ich erklärte ihr, dass sie sich ruhig alles ansehen solle. Ich hörte sie mit sich selbst reden: »Elektroherd ist schon gut… und Kühlschrank – der muss wahrscheinlich noch angeschlossen werden – aber die Wasserleitung geht schon… Schrank… ist auch da, sogar mit Geschirr… ach du lieber Gott, Wanja…« Kathi stürzte herbei. »Meine Suppenkannen stehen noch unten, am Trittbrett. Was bin ich doch für ein Trottel, stimmt's Wanja?«

»Stimmt nicht, Kathi!«
Ohne etwas zu sagen, war mein Sachse aus dem Abteil und in Sekunden später wieder zurück. Breit grinsend erklärte er: »Alles noch do, ‘s hat geener was gemaust und heeße is is ooch noch!«
Dann war gefräßige Stille und nur noch das Löffelklappern war zu hören. Zwei tiefe Teller, beide gefüllt bis zum Rand, löffelten der Sachse und ich in uns hinein.
»Hat es ihnen auch geschmeckt«, fragte Kathi meinen Assistenten.
»Medchn«, antwortete der, »zu mir musst du ne »Sie« sochn; ich bin der »Hartmut«, aber sone Nudelsuppe kriechn die in Sachsen ne fertch!« Der Sachse sah aus dem Fenster und pfiff plötzlich durch die Zähne.
»Wat is los, Hartmut?«
»Draußen looft ä Mädchn rum oder junge Frau, aba wos vor eene, der absolute Hammer mit zwee große Daschen. Ech gloobe, de sucht Eenen.«
Ich brauchte nur einmal hinsehen. »Natürlich sucht die Einen – und zwar mich…«
»Nech so, Meesta, ech hob se zuerscht gesähn!«
Raus auf die Einstiegbühne, Feuerwehrsprung nach unten. »Lisa«, rief ich. Sie blieb stehen, stellte die Taschen auf die Erde, sah sich um und stürmte im Laufschritt auf ich los, hätte mich fast umgerissen. Beide Arme schlang sie mir um den Hals, küsste mich auf den Mund, auf die Wangen, drückte mich, dass mir fast die Luft wegblieb.
»Großer«, hörte ich sie, »siebeneinhalb Wochen warst du weg, hast nicht geschrieben – und ich hab solche Angst um dich gehabt. Nie wieder lass ich dich so lange weg…« Ich holte ihre Taschen herbei und meinte, sie solle erst einmal in »meine Wohnung« kommen.
»Und wie komme ich da hoch? Der Tritt ist viel zu hoch?«
Ich faltete meine Hände, drehte die Handflächen nach oben und befahl: »mit dem linken Fuß trittst du jetzt in meine Hand und mit deiner rechten Hand hältst du dich am Griff fest!« Lisa gehorchte und war über-

rascht, dass alles klappte. »Räuberleiter sagt man zu diesem Trick!«, erklärte ich ihr. Auch Lisa war überrascht, als sie den »Zigeunerwagen«, wie sie ihn zuerst nannte, von innen sah. Es wäre ja ein richtiges Konferenzzimmer, meinte sie – und alles neue Möbel. »Sind die von der Eisenbahn?«

»Nein Lisa, von der Eisenbahn habe ich nichts, absolut nichts. Die kümmern sich einen Dreck um den, der hier draußen rum krebst. Wären nicht die Russen hier eingesprungen, wäre ich schon verwahrlost – und vielleicht verhungert, wenn unsere Kathi nicht gewesen wäre. Begrüßt euch erst einmal.«

Kathi streckte Lisa die Hand entgegen und machte dabei einen so genannten Knicks, wie man ihn von Schulmädchen aus den Dreißigerjahren her kannte. »Guten Tag, Frau Lisa!« Dabei strich sie dem Mädchen über das Haar und legte ihr die Hand auf die Schulter. Das Knicksen solle sie ruhig sein lassen. Das war früher einmal Mode.

»Verstanden, Frau Lisa, ich werde es mir merken.«

Dann nahm mich Lisa wieder in Beschlag. Der Wagen wäre ja sehr schön eingerichtet, aber sie wisse nicht, wo hier ein Mensch schlafen solle. Ich bat den »Sachsen«, er solle doch meiner Frau einmal zeigen, wie ein »Schlafwagenabteil« hergerichtet wird. Dann fiel mir ein, dass ich ja überhaupt nichts zu essen im Wagen hatte, und irgendwie hatte ich das Gefühl, dass Lisas Ankunft nicht die einzige Überraschung des Tages sein würde. Als Lisa und der Sachse von der Abteilbesichtigung zurückkamen, teilte ich ihr meine »Haushaltsversorgungslage« mit.

»Großer, das ist doch kein Problem, dann kaufen wir eben etwas ein. Aber ich weiß hier nicht Bescheid, wo man etwas bekommt.«

Sofort meldete sich Kathi. »Hier, Frau Lisa! Ich weiß Bescheid, wir könnten doch zusammen gehen.«

»Wenn du möchtest, Kathi?«

»Natürlich.«

Es war eine Menge, die wir einkaufen mussten, und ich machte mir Gedanken darüber, wie die beiden alles tragen wollten. Das Problem löste sich von selbst, als Sascha und die Militärärztin in den Wagen stiegen. Als höflicher Mensch stellte ich erst die beiden Damen vor. Dies hier wäre Frau Doktor Jelena Petrowna, Militärärztin ersten Ranges, und diese Dame wäre Lisa Fjodorowna, Zugführerin bei der elektrischen Schnellbahn.

Als Lisa sie mit »Frau Doktor« anredete, meinte die Russin:

»Mädchen, lass den Doktor weg. Doktor bin ich nur für Patienten. Für dich bin ich Jelena – und du für mich Lisa, einverstanden?«

Ich bat Sascha, ob er Lisa und Kathi nicht zum Einkaufen fahren könnte. Selbstverständlich, meinte er, was wir denn alles brauchen würden. Was man so braucht für ein kleines »Prassnik«, Wurst, Speck, Fisch, Käse, Brot, Butter… Sascha sah mich an. »Wässerchen, Wanja?«

»Kanjeshna, Sascha, das darf auf keinen Fall knapp werden.«

Sascha, Lisa und Kathi machten sich auf den Weg, die Ärztin wollte sich gerade um mich kümmern, als die Gäste eintrafen, auf die ich gewartet hatte, Robert und Dieter. Ich sah sie nur an. »Erzählen«, befahl ich. »Schlimm Jochen! Vier Mann Prüfungskommission und zwei Prüflinge…«

»Dieter, wie so etwas aussieht, weiß ich selber, wie es ausgegangen ist, will ich wissen.«

Dieter erklärte mir, dass es bei ihm mit einer »drei« ausgegangen sei, aber Robert hätte Pech gehabt – bei dem fehlte ein Punkt zu einem »Sehr gut«, zu einer ‚1'.

Dieter erklärte: »Ich hätte ja auch besser abschneiden können, aber bevor Jochen, ich meine Kommissar Wanja, kam, hat sich doch keiner um uns gekümmert. »Hier sind die Kohlen – und da ist die Feuertür, das war alles. Ein »Kohlenkecht«, mehr war man nicht und als Jochen uns sagte, die Zeit wäre vorüber, in der der Heizer ein »sprechendes Werkzeug sei!«, haben wir alle heimlich gesagt: »der spinnt, der Iwan!«

Und Robert erklärte: »Als ich mich hier bei der Osthavelländischen als Aushilfsheizer bewarb, hatte der Personalchef gemeint, sie würden

mich nehmen. Ich würde wenigstens vernünftig denken und nicht etwa annehmen, als »Peedenbauer« Lokomotivführer werden zu können. Nun ist es doch anders gekommen. »Danke, Meesta Jochen! das werd ich dir nie vergessen.«
Plötzlich kam unser »Giftzwerg« herein, entschuldigte sich für die Störung und meldete, dass er unseren Wagen jetzt an die Frischwasserversorgung und an das elektrische Netz angeschlossen habe. Zwei einhängbare Holztritte habe er anfertigen lassen, zum besseren Einsteigen.
»Danke, Oberputzer – und damit du Bescheid weißt – die beiden Herren hier, der Dieter und der Robert, sind heute von der Reichsbahndirektion ordnungsgemäß zum Lokomotivführer geprüft worden. Berücksichtigen Sie dies bei ihrer Dienstausübung!« »Selbstverständlich Herr Kommissar« beeilte sich das Männchen zu versichern. Ich nahm ihn mit in die Küche, öffnete den Kühlschrank, der bereits herrlich funktionierte und stellte zwei Mostrichgläser auf die Platte und goss sie drei viertel voll. »Russischer Wodka«, erklärte ich, »aber man beleidigt den Gastgeber, wenn man das erste Glas nicht in einem Zug leert!«
Er folgte meinem Rat, wurde zuerst krebsrot, dann fast blau im Gesicht und hustete. Ich sah, dass ihm die Augen tränten. »Wie viel Prozent?«, keuchte er. »Nicht viel, nur 55… Vertragen wir uns wieder«.
Ich hatte gedacht, in der Küche könnte höchstens eine Person arbeiten, aber Lisa, Kathi und die Bataillonsärztin hantierten darin wie die Heinzelmännchen. In einer knappen halben Stunde stand ein Abendbrot auf dem Tisch, das jedem Vergleich standhielt. Woher die Tischdecke plötzlich stammte, wusste nur Lisa: »Geklaut aus dem Konsum«, erklärte sie mir ausgelassen und kicherte. Dann wurde gegessen, getrunken und erzählt. Kathi saß zwischen mir und Lisa, und ich bemerkte, wie ihre Blicke immer zwischen uns hin und her gingen.
Es wurde erzählt, von diesem und jenem, unter anderem auch über

Tiere. Die Ärztin erzählte, wie sie als Schulmädchen immer auf die Gänseküken aufpassen musste, damit der Habicht sie nicht griff. Mit ihrem gelben Federflaum würde der Greifvogel die Küken auf der grünen Wiese sofort erkennen und auch den Abstand zwischen ihnen und den Altvögeln einschätzen können. Wäre dieser groß genug, würde er zustoßen. Wenn aber ein Mensch in der Nähe war, zog sich der Habicht zurück.
Kathi hatte aufmerksam zugehört. Plötzlich sagte sie: »Ich weiß auch etwas über Tiere! Soll ich es einmal erzählen?«
»Natürlich Kathi! Erzähl mal.«
»Uns ist einmal ein kleiner Hund zugelaufen, wahrscheinlich ein Schäferhund, braun mit schwarzem Rücken und gelben Pfoten. Sein Fell war noch ganz flauschig und fasste sich an wie Samt, nur die Ohren spitzen konnte er noch nicht. Weil er noch so klein war, hat er zuerst die Flasche bekommen, später durchgedrehtes Fleisch. Die erste Zeit hat er noch öfter auf den Fußboden »gepullert« – aber das hat sich gegeben. Einmal hatte die Mutti im Garten Wäsche aufgehangen und das Ende der Leine einfach am Pfahl herunterhängen lassen und die baumelte immer hin und her. Weil kleine Hunde nach allem, was sich bewegt, schnappen und gerne woran ziehen und zerren, hat er die Leine heruntergerissen und alle Wäschestücke auf der Wiese zerstreut. Da ist die Mutti aber böse geworden und wollte ihm zur Strafe ein paar überziehen. Aber Vati hat ihn auf den Arm genommen und zu ihr gesagt: »Die Hand, die füttert und streichelt, schlägt nicht! Da hat der kleine Hund noch einmal Glück gehabt!«
»Wie hieß denn euer Hund, Katjuscha?«, fragte die Militärärztin. Ich sah, wie Kathi überlegte, zur Decke sah, ratlos mit den eigenen Fingern spielte. Verzweifelt sah sie zu der Russin. »Ich… ich weiß nicht mehr, Jelena Petrowna, ich muss es vergessen haben.«
Hilfe suchend sah sie mich an, griff mit ihren Fingern nach meiner Hand. »Hilf mir bitte, Kommissar Wanja, du weißt doch immer alles…«. Beruhigend streichelte ich ihre Schultern, ihr Haar, redete auf

sie ein, nannte verschiedene Hundenamen, die mir einfielen, doch es waren nicht die Richtigen. Wie wird man wohl in Ostpreußen so einen kleinen Schäferhundwelpen nennen, der scheinbar nichts als Unsinn in seinem Kopf hat? Vielleicht Tölpel, Dummerchen, oder...
»Hieß er vielleicht Lorbass, Kathi?«
Neben mir schurrte ein Stuhl. Ich sah das kleine Mädchen am ganzen Körper zittern und wie sie mich mit weit aufgerissenen Augen ansah. Ein durch Mark und Bein gehender Kinderschrei... »Vati!«
Das kleine Mädchen flog mir förmlich entgegen, schlang mir beide Arme um den Hals und küsste mich pausenlos.
»Ich habe es immer gewusst... mein lieber, guter Vati... Du bist gar nicht tot, dein Flugzeug ist gar nicht abgeschossen...« stammelte sie. »Oder du bist mit dem Fallschirm abgesprungen und die Matrosen haben dich aus dem Wasser geholt? Hast du mich denn gar nicht wiedererkannt? Aber ich habe dich wiedererkannt, schon am ersten Tag, als ich dir dein Essen brachte. Sicher war ich mir, als du einmal »Spatzi« zu mir sagtest. Kein Mensch weiß, dass du mich »Spatzi« nennst und keiner, dass wir unseren Hund »Lorbass« nannten, nur du konntest mein Vati sein.«
Kathi redete unaufhörlich. Es schien, als wolle sie alles, was sich im Laufe der Jahre in ihrem Gedächtnis gespeichert hatte, offenbaren, und fast jeder zweite oder dritte Satz enthielt immer das »...du weißt doch...« oder »wo wir immer waren...« Dabei kam ich mir mehr als unglücklich vor, denn alles Erzählen hinderte das Mädchen nicht daran, meinen Oberarm, den es umklammert hatte, loszulassen und seinen Kopf gegen meine Schulter zu lehnen.
»Mein Vati?«, hörte ich sie murmeln. »Ich hab es doch immer gewusst...« Plötzlich eine Hand auf meiner Schulter und eine Stimme, dir mir, für jeden anderen jedoch unhörbar, ins Ohr flüsterte: »Pass auf Jochen! Zerbrich die kleine Seele nicht – ich bitte dich!«
Dann setzte sich Lisa wieder auf ihren Stuhl, sah zu mir herüber und nickte mir unmerklich zu. Ich kannte diesen Blick. So lautlos mit den Augen betteln konnte nur ein Mensch. Die »Stromschienenmieze«. Sie

bettelte nicht für sich, sie bettelte für einen kleinen Menschen, der Wärme und Geborgenheit nötiger brauchte als ein Stück hartes Brot!
Ich habe Lisas Bitte erfüllt. Ich habe das kleine Mädchen belogen, das »Milchkannenmädchen von der Osthavelländischen«. Aber es gibt Lügen, die sind barmherziger als alle Wahrheiten der Welt.
Denkt doch von mir, was ihr wollt!

41 287

Es gibt zwei Lokomotivbaureihen, die ich in mein Herz geschlossen habe. Das ist zum einen die Baureihe 95, die schon vom Anblick her Kraft und Zuverlässigkeit dokumentiert, und zum anderen ist es die 41er.

Die 41er sah mit ihren großen Ohren und der gefälligen Konstruktion des Wagner-Kessels aus wie eine 03, aber das Mikado-Triebwerk ließ die gesamte Lokomotive noch schlanker erscheinen. Die Stralsunder fuhren mit ihren Maschinen der Baureihe 41 die Umläufe D 13/14 und D 25/26. Die Lokomotiven sahen aus, als wären sie gestern erst aus der Werkhalle gekommen. Das leuchtende Rot in den Hohlkehlen der Stangen und auf den Kontergewichten, der blinkende Kessel, die Form und die »Aussprache« ließen mich immer wieder vom Führerstand meiner 74er sehnsuchtsvoll hinüberblicken. Einmal eine Reise auf so einer Großohrigen – so muss einem Fischerjungen zu Mute sein, der mit seinem Kahn am Ufer sitzt und einen Viermaster mit vollem Tuch vorüberrauschen sieht.

Ein Lokführeranwärter war zur damaligen Zeit »Mädchen für alles«, Ausputzer, Lückenbüßer. Nur wenige hatten das Glück, eine Planstelle als Heizer zu ergattern. Um 6.00 Uhr war Dienstbeginn. Ich hatte bereits einen Auswäscher vorbereitet und zwei Maschinen abgelöst. Dabei war ich auch an der 41 287 vorbeigekommen. Die Stralsunder Maschine stand abgestellt im Schuppen. Das Personal war wohl schlafen oder einkaufen gegangen.

Am späten Vormittag ließ mich der Lokleiter rufen.
»Sie gehen zur 41 287 und melden sich beim Oberlokführer Matthießen«, teilte er mir mit. »Sein Heizer hat sich verletzt und muss als Fahrgast nach Hause. Sie fahren für ihn Vertretung.«
Eine 41er, eine Großohrige. Mein Herz machte Freudensprünge. Doch als ich das Tenderungetüm mit den halbmeterhohen Aufsatzbrettern sah, die Ringfedern, die keine mehr waren, sondern zu bloßen Abstandshaltern zusammengedrückt, kam ich mir ziemlich verloren vor.
»Meister Matthießen«, rufe ich zaghaft. Die Luftpumpe schnauft. Ein Gesicht sieht aus dem Fenster, beinahe das Konterfei eines Bismarck.
»Wat is, min Jung?«
Ich stottere meinen Auftrag hinunter und schon schiebt eine Hand die Tür am Tender auf.
»Denn kümm man an Bord, Lütter!«
Ein vierkantiges Gesicht, wasserblaue Augen unter buschigen Brauen, der abwaschbare Gummikragen und die Weste mit der unvermeidlichen Uhrkette.
Ein prüfender, aber nicht unfreundlicher Blick trifft mich.
»'n büschen smoal mang de Scholtern, we?«
»De smoalen Pierd trecken am besten!«
»Jung, wo kannst du Platt her?«
»Von Modder!«
»Und wo is de her?«
»Ut Pommern!«
»De Pommer, de is –«
»– im Winter genau so dumm wie im Sommer!«
Der Stralsunder mit dem Bismarck-Gesicht schüttelt den Kopf und zeigt ein schmales Lächeln.
»Nu sech noch wat. Los, Lütter, abtranen müssen wie oock noch!«
Die 41er hatte einige Ölstellen mehr als eine P 8, doch mit der Hilfe von meinem Bismarck schaffte ich es.

Feuertür auf: Mein Gott, das war keine Rostfläche mehr – das war ein ganzer Tanzsaal. Von der Tenderbühne her grinsen mich die »Merseburger« an.

»Brauchst nicht zimperlich zu sein«, belehrt mich Bismarck. »Zwanzig Schippen verkehrt moakt gornist, dat sortier ick allens mit dem Regler.« Wie wahr, wie wahr – Das merke ich bereits an der Brücke über die Gerichtsstraße. Humboldthain, Gesundbrunnen. Kurzer Halt. 14 atü. Abfahren. Hoch nach VNS, die Steigung empor über die Pasewalker Schiene. Die 41 287 bellt wie ein Schäferhund an der Kette, stößt braunschwarze Rauchwolken aus dem Schornstein. Eine schwache Rechtskurve. Wollankstraße. Erfolgreich machen wir der S-Bahn Konkurrenz. Schönholz. Links zweigt die Kremmener Bahn ab, doch für uns geht es weiter geradeaus. Rauchfetzen wirbeln um das Führerhaus. 12 atü zeigt das Schieberkastenmanometer. Dem Schwingen nach, der typischen Erscheinung eines Vierkupplers mit 1600 mm Raddurchmesser, sind wir bald an die 80 km/h heran. Die »Ackermänner« brummen, blasen vor.

»Fängt det Kind an to schrein – mut wat rein«, belehrt mich Bismarck. Lieber Gott, das weiß ich schon. Die Schaufel knirscht auf der Tenderbühne. Auf dem Rost toben die Flammen. Einen gesunden Appetit hat sie, die 41er, muss ich feststellen, als ich die Jacke in die Ecke hänge; anders als eine P 8. Bei der alten Preußin kommt man mit drei Strichen auf dem Rost zurecht, hier müssen es einige mehr sein. Der gelbbraune Brikettstaub beißt in der Nase, macht die Zunge trocken. Traumberuf?

Die Havel, eine Brücke, eine Rechtskurve in einer leichten Steigung. Oranienburg. Die Luftpumpe stampft. Der Meister und ich prüfen die Stangenlager. Er rechts, ich links. Alles klar. Weiter! Die 287 holt Atem, belfert. Der Tender schwingt über die Schienenstöße, lässt die Schürgeräte klirren. Löwenberg, Guten Germendorf, Buberow – Der Fahrtwind zerrt an meinem Gesicht. Die Strahlpumpe gurgelt. Zuverlässig klappt meine alte »KP 4«, die Vorwärmerpumpe. Drei viertel voll Wasser, zeigt die Glasröhre an; alles normal. Weiter.

Dannenwalde. Der Sog von der Rauchkammerschürze fegt den Bahnsteig. Hoch geht es zum Block Drögen. Graubraun zieht die Rauchfahne über die Wagenschlange, vermischt mit Ruß und Flugasche.

Der Meister hat den Regler weit aufgeschoben. Rhythmisch stampft das Triebwerk im Viererschlag. Die Feuertür klirrt. Einen Schluck aus der Emaillekanne. Der Inhalt schmeckt nach allem Möglichen – egal, Hauptsache, der Staub geht weg.

Neustrelitz, Einfahrt frei, zwei Flügel. Mit etwas mehr als erlaubt passieren wir die Einfahrweichen. Ob auf der rechten Seite ein Führer, ein Fahrer oder ein Kutscher steht, merkt man spätestens beim Bremsen. Beinahe schulmäßig kommt die erste Stufe: Abtasten; die Zweite: Fangen – und die Dritte zum Festhalten. Der Wasserkran passt mit dem Tender.

Zehn Kubikmeter in der Minute gibt der Kran her. Die Tenderfedern knirschen. Inzwischen schnell eine Runde um die Lok, den Handrücken an Stangenlager und Radsterne – alles kalt. Weißschäumend

dringt das Wasser aus der Tenderöffnung. Zudrehen, Ausleger beiseite, verriegeln. Ich höre Schaufelgeräusche vom Führerstand.
»Gibt's doch nicht«, denke ich, »Schaufel und Kohle sind Heizersache.«
Er hätte ihr schon »einen verschrieben«, erklärt mein Bismarck und macht sich in der linken Ecke breit. Dann setzt er hinzu: »Willst doch bestimmt mal führen, nich, Lütter?«
Fahren? Eine Großohrige? – Und ob ich wollte.
»Na, dann man tau.«
Meister Matthießen sieht nach hinten, deutet mit der Hand in Richtung Ausfahrt. »Ausfahrt frei, zwei Flügel – und abfahren.« Schweißklebrig ist der Reglergriff, doch die Mikado gehorcht mir. Hoch die Steigung zum Kreuzungsbahnhof Thurow. Aus dem Schornstein tobt der Abdampf. »Gib ihr dreieinhalb«, erläutert mir mein Meister, »in der Steigung haben wir die meisten Reserven.«
Es ist ein dummes Gefühl für einen jungen Burschen, auf der rechten Seite zusehen zu müssen, wenn ein Mensch, der gut und gerne sein Vater sein könnte, seinen Rücken krümmt. »Der Lokomotivführer sieht zuerst auf die Signale – dann erst auf den Heizer«, vernehme ich von der linken Seite.
»Ich dachte bloß…«
»Ein Lokomotivführer hat nicht zu denken – der hat zu wissen.«
Die 287 schüttelt sich. Blankensee, Cammin. Die Schienen singen unter der Lokomotive. Kilometer 122, der Erlösungspunkt – und es geht abwärts. Einfahrt Burg Stargard. 95 km/h zeigt der Tacho. Will der Tender die Lokomotive überholen? Ich will den Regler kneifen.
»Lass sie laufen, Lütter, lass sie laufen!«
Die Flachsröste an der rechten Seite fliegt vorüber. Talwärts steckt die 41er ihre Rauchkammernase in den Laubwaldtunnel hinein. Block Hinterste Mühle – frei! Rechtskurve, eine lange Gerade und auf zwei Flügel laufen wir in Neubrandenburg ein.

»Eine halbe Minute später–«, kritisiert Bismarck. Ich versuche mich damit herauszureden, dass der Zeiger gerade gesprungen sei. Die Großohrige bläst vor sich hin. Ich dränge mich aus der rechten Ecke.
»Wachablösung, Meister«, meine ich.
»Ne, Lütter, ick kann al führen – du musst noch allerlei lernen.«
Neddemin, Altentreptow. Die 287 speit ihren Ruß in den Nachthimmel. Das Lampenlicht spielt auf den Schienenköpfen. Sternfeld. Grün! Wieder eine Steigung und dann hinunter. Demmin.
»Jetzt sind we bald tu Huus, Lütter!«
Elmenhorst. Einfahrt frei, Ausfahrt Halt. Das Führerbremsventil faucht. Ich habe keine Mühe, am Signal zum Stehen zu kommen. »Kreuzung«, meldet uns die Aufsicht. Unser Gegenzug ist etwas später. Nun würde ich mal wieder weiterlöffeln, meine ich. Bismarck schüttelt den Kopf. So hätten wir nicht gewettet. »In Stralsund fahren wir auf Gleis 3 ein – dat is ein Kopfgleis – bloß, dat du dran denkst.« Der Gegenzug poltert heran. 41 199 lese ich an der Rauchkammer. Voigdehagen, die Abzweigung Sgr, zwei Flügel. Die Luft schmeckt nach Meer.
Noch fünfzig Meter, noch zwanzig, noch zehn. Es muss die Aufregung gewesen sein, die mich vergessen ließ, durch einen Füllstoß den Anhalteruck abzufangen. Ich schaue, Entschuldigung heischend, zur linken Seite hinüber, aber mein Meister beachtet mich nicht, murmelt etwas vor sich hin. Ich traue mich nicht zu fragen.
Dann das Übliche: Abhängen, runter ins Bw, Kohle, Wasser, Ausschlacken und Rauchkammer machen lassen. Wenn eine Schnellzuglok am Kanal festgemacht hat und der Meister erklärt, dass er jetzt »Einschreiben« ginge, ist es selbstverständlich, dass der Heizer vorfährt. Natürlich darf er das nicht, er hat sogar dafür unterschrieben, dass er mit disziplinarischen Maßnahmen zu rechnen hat, wenn er sich nicht an das Verbot hält. Doch diese Weisung ist wohl nie eingehalten worden.
Die 287 steht vor der Scheibe. Mein Bismarck kommt. »Traust dech

woll nicht röver, wie? Na, nu moak moal tau.« Gehorsam, wie ein Schaukelpferd leicht nickend, hält die 287 auf der Scheibe an. Abstellen, Nachkontrolle. Schließlich muss man ja wissen, ob man unterwegs etwas verloren hat.

»Do is noch wat, Lütter«, höre ich meinen Meister.

»Was denn?«

Bismarck schiebt die Mütze in die Stirn. Und dann erklärt er mir in einer längeren Aussprache, dass man hier erst von ihm erfahren habe, dass sein Heizer ausgefallen sei. Man habe von Berlin nicht angerufen. Na ja, egal, wer da geschlampt hatte. Er wolle wissen, ob ich die Rückreise morgen früh mitmache. Sie würden dann von Stralsund einen Heizer nachschicken. Aber bis morgen früh würden wie auf die Schnelle keinen kriegen.

»Wenn Sie mich mitnehm, Meister?«

Aber bei aller Liebe zur Eisenbahn – der Magen lässt sich nicht betrügen. Meiner knurrt und das sehr nachdrücklich. Ob denn jetzt noch eine Gaststätte aufhätte, will ich wissen. Mein Bismarck kennt eine. Mit der Straßenbahn fahren wir bis zur Vorstadt. Dort enden die Schienen und die Fahrleitung – und es ist auch ziemlich dunkel. Aber Bismarck scheint die Gegend gut zu kennen. Schließlich bleibt er vor einem kleinen Häuschen, das sich tief in einem Garten versteckt, stehen.

»We sind do, Lütter, moakt we erst mal de Olsch wach.«

De Olsch ist eine gutmütige Mecklenburgerin mit gelbweißem Haar. »Eck hev Besök metbrecht«, brummt mein Bismarck. »De Hinrich hat sick den Arm verstaucht und kann nich führn. Dat is'n Kollege von Berlin.« Die alte Frau sieht mich an. »Sind Sie nich en büschen to jong für de schwere Arbeit?«

»Nee, Frau Matthießen, dat klappt schon.«

»Hat dich min Oller wohl gequält, wat, min Jung? Mann, bist du schmal mang de Schultern. Nu kommt erst mal, wat äten.« Es gibt gebratene Schollen und ich lange zu wie ein ausgehungerter Wolf. »Nimm man noch'n Fisch, Jung.« Ich lasse mich nicht lange bitten.

Nach dem Essen einige Worte, Fragen nach Vater und Mutter – und dann klappere ich mit den Augen. »De Jung soll in Heiner sein Kammer sloapen«, verkündet die Hausfrau. Die Kammer liegt im ersten Stock, das Bett ist blau kariert und sieht einladend aus. Auf einem Vertiko das Bild eines Marinesoldaten aus dem Zweiten Weltkrieg. Mein Bismarck hat plötzlich einen seltsamen Glanz in den Augen.
»Dat war unser Heiner– he wer bei die U-Boote– und dann–«
Ich höre noch, wie mein Meister sich geräuschvoll schnäuzt und mir in einem seltsamen Tonfall sagt, ich solle schlafen, die Nacht wäre kurz und auf der Pasewalker Schiene lägen alle Bahnhöfe im Loch.
»Sloap guad, Lütter!«
Ich schlafe den Schlaf des Gerechten, werde pünktlich von Mutter Matthießen geweckt. Es ist eine harte, verarbeitete Hand, die mir über die Stirn streicht. »Upstoahn, Lütter, ward Tied.«
In der Übernachtung eines Bw wird man anders geweckt. Zum Frühstück gibt es frisches Brot, Butter und Honig, dazu Tee mit Milch und Zucker. Ich verabschiede mich von »de Olsch«, bedanke mich für die Gastfreundschaft und plötzlich hält Mutter Matthießen meine Hand fest. »Kumm man wedder, Jung.«
D 14 südwärts, die Kolben stampfen. Der Manometerzeiger vibriert um die 15. Mesekenhagen, Einfahrt frei, Ausfahrt Halt. Die Pfeife unserer 287 brüllt. Weg frei!, fordert sie. Umsonst – die Bremssohlen fassen die Radreifen. Der Personenzug mit seiner P 8 hat vermutlich Schwierigkeiten. Ausfahrt frei! Die 41 belfert. Einfahrt Greifswald – frei! Hinter der Brücke hat mein Meister bereits zugemacht. Der Bläser zischt.
Hoch die Steigung nach Schönwalde. Der Teufel kehrt jetzt den Schornstein. Unsere 287 zeigt ihre volle Aussprache. 16 atü Schieberkastendruck. Mit 60 gehen wir die Steigung an. Wenn man jetzt den Druck abreißen lässt, ist er nicht mehr zu halten. Züssow. Kurzer Halt. Etwas habe ich mich doch mit dem Feuer vertan. Der Einzahn klirrt im Feuerlochring.

Pasewalk! Wassernehmen. Der Tender schluckt – und alles klappt. Weiter!
Prenzlau. Selbst bei sechzig Achsen hört man jetzt im letzten Wagen das Belfern der Abdampfschläge. Hoch nach Seelübbe, bis zur Autobahnbrücke. Schwellen, Schienenstrang – wie weit doch das Land sein kann. Bernau bei Berlin. Die S-Bahn ist der erste Kontakt mit der Heimat. Die wilde Jagd geht weiter: Pankow, Vns, Gesundbrunnen. Die Ruinen der »Lichtburg« greifen in den Himmel.
Wieder der Stettiner Bahnhof – oder besser die Reste, die der Krieg hinterließ.
Lz zurück nach dem Bw.
Über die Scheibe zum Abstellen. Das Steuerventil zischt. Handbremse herunter. Der Schaufelstiel und der Stiel vom Kohlehammer riechen nach Seife. Ich verabschiede mich von meinem Bismarck.
»Machen Sie es gut, Meister, und schönen Gruß zu Hause.«
»Moks guad, mien Jung – und kumm wedder. Du hast doch hört, de Olsch wartet.«
Durch ein irgendwo undichtes Anstellventil bekommt die Luftpumpe noch etwas Dampf. Sie schnauft. Aus dem Stummelschornstein weht eine dünne Rauchfahne. Feierabend.

P 591/592

Es gibt Dienste, die schon beim Nennen der Zugnummer ein unangenehmes Gefühl auslösen. Das Personenzugpaar 591/592 vom Stettiner Bahnhof nach Pasewalk und zurück war solch ein Dienst. Zwölf vierachsige preußische Abteilwagen, dazu ein ebensolcher Packwagen und noch ein vierachsiger Postwagen: 56 Achsen! Glatter Mord für eine P 8 – und erst recht für den Heizer bei Braunkohlebrikettfeuerung. Das Zugpaar war als Ersatz für eine noch fehlende Nachtverbindung zwischen Berlin und Stralsund gedacht. Bis Angermünde verkehrte der 591 als Personenzug, von dort mit nur einen Zwischenhalt in Prenzlau weiter bis Pasewalk als zuschlagfreier Eilzug. Dazwischen lagen die Ausläufer des Baltischen Landrückens, die den Heizer zum Schwitzen bringenden Hügel zwischen Greiffenberg und Wilmersdorf bis zur Autobahnbrücke, danach die nervenspannende Jagerei bergab durch die scharfe Kurve von Seehausen, durch den Landstrich mit den tückischen Nebelbänken. In Pasewalk übernahm dann eine Stralsunder Lokomotive den Zug.

Gegen 22.30 Uhr wirft man beim P 591 auf dem Stettiner Bahnhof die Kupplung in den Haken. Schon weht ein ziemlich kühler Wind, aber das wird sich bald ändern.

Bremsprobe. Die letzten Arbeiter der Spätschicht, die diesen Zug bis Rüdnitz, Biesenthal oder Melchow benutzen, suchen ihre Stammabteile auf. Die Schaufel knirscht auf dem Tenderblech. Die Briketts schippen sich ekelhaft. Es sind »Merseburger«, sie haben einen gelbli-

chen Qualm und stinkende, weiße Asche. Wenn man die Rauchkammer etwas zu stark einspritzt, tropft eine grünliche Brühe heraus. Und die Kohle staubt! Man kann sie nässen, soviel man will. Sie nimmt kein Wasser an, und Staub wird zum ständigen Begleiter.
Abfahren! Gleich hinter den Ausfahrweichen des Stettiner Bahnhofs geht es bergan zur Stahlbogenbrücke, die über die Gerichtsstraße führt. Rechtskurve. Am Humboldthain vorbei, an den Resten eines Flakbunkers vorüber kommen wir nach Gesundbrunnen. Jeder Personenzug hält hier, um die Reisenden der Ring- und Vorortbahn aufzunehmen. Zeit, der P 8 eine Ladung Brikett einzuverleiben, an der sie bei Steinkohle glatt ersticken würde.
Abfahren. Wieder beginnt sofort die Steigung. Sie zieht sich in einer Linkskurve hoch. Hinter der Bahnbrücke zweigt unsere Strecke von der Nordbahn ab, unterquert sie in nordöstlicher Richtung. Die Feuertür klappert im Abdampfrhythmus. Die beiden »Ramsbottom« beginnen zu säuseln. Der Zeiger des Kesseldruckmanometers steht kurz vor dem roten Strich. Alles in bester Ordnung.
Normalerweise würde jeder Heizer jetzt pumpen, den Kessel nachspeisen. Doch hier gelten andere Gesetze. »Fängt das Kind an zu schrein – muß was rein!«, lautet unsere Losung. Erst danach wird gepumpt. Wer es umgekehrt macht, legt den Grundstein für eine Zuglaufstörung wegen Dampfmangels, dem fressen die Flammen die leichte Kohle so weit weg, dass kalte Luft durch die blanken Rostspalten zieht.
Der Meister schiebt den Regler weit auf. Über 450 Tonnen hängen am Haken. Macht nichts. Bei mir, auf der linken Seite, stimmen Wasser und Dampf.
Mit 80 Sachen passieren wir Pankow-Heinersdorf, überholen in der Linkskurve einen S-Bahnzug nach Bernau, dessen Führer aber auch den Knopf festhält. Irgendwie geht es gegen die Ehre, sich von einer S-Bahn überholen zu lassen. Feuertür auf, rein, was rein geht. Jede Schaufel sitzt.

Die S-Bahn kann nicht mithalten, zumal sie in Blankenburg halten muß, wir aber »Grüne Welle« haben.
Dunst steigt von den Rieselfeldern auf, eine leichte Brise weht den Duft der Außentoiletten durch den Führerstand.
85 … 90 Kilometer pro Stunde. Unsere P 8 schüttelt sich. Briketts poltern auf die Tenderbrücke. Buch, Zepernick … durch die Autobahnbrücke … Bernau, Einfahrt frei, zwei Flügel.
Die Vierachser mit der einlösigen Bremse greifen tüchtig, ermöglichen einen kurzen Bremsweg, lösen rasch, so dass wir ruckfrei halten. Schnell geht der Fahrgastwechsel bei den Abteilwagen vor sich. Der Meister steht auf meiner Seite, sieht aus dem Fenster. Ich baue mein Feuer auf, Schaufel um Schaufel. Weiter! Der Zug klemmt in der Kurve hinter dem Bahnhof, die P 8 versucht zu trampeln, doch mein Meister hat sie im Griff. Schon sind wir hinter Biesenthal, haben den Haltepunkt Melchow passiert, wo nicht alle Wagen am kurzen Bahnsteig Platz finden und rollen weiter. »Wildtränke« heißt der Kreuzungsbahnhof auf der eingleisigen Strecke. Durchfahrt! gebieten die Signale. Schaufeln. Pumpen. Schaufeln. Im Tenderkasten liegen die Stullen, auf dem Blech über der Feuertür steht der »Waldteufel«, eine Emaillekanne mit Patentverschluß.
Eberswalde Hauptbahnhof. Wir sind noch planmäßig. Längst habe ich die Jacke ausgezogen und an den Haken hinter mir gehängt. Die einstufige Luftpumpe überschlägt sich fast beim Auffüllen der Bremsleitung.
»Eine rauchen?« fragt der Meister. Er bietet mir eine Zigarette an und gibt Feuer.
Vier, vielleicht fünf Züge, dann muss ich sie löschen. Den Rest verwahre ich hinter dem Ohr. Die Schippe wartet; es geht weiter. Dann kommt die dunkle Brücke des Finowkanals, wo die Dampfer oben und die Züge unten fahren – einst eine bautechnische Attraktion. Britz. Kloster Chorin. Herzsprung, ein Bahnhof am Rande der Uckermark. Dann noch einmal Anlauf, eine Linkskurve – Angermünde.

Am Bahnsteigende ein Wasserkran mit Gelenkausleger.

»Mach dein Feuer! Ich nehme Wasser«, befiehlt der Meister.

Er weiß, wovon er spricht. Jetzt geht es ohne Halt durch bis Prenzlau.

Abfahren! Nur eine kurze Gerade, dann die Linkskurve hoch nach Greiffenberg. Die P 8 stampft, zieht kräftig, reißt gelbbraunen Rauch und Funken aus dem Schornstein. Mischwald. Erlen, Buchen, ein paar Kiefern. Der Abdampf hämmert. Ich merke im Fahrtwind, der durch den Führerstand zieht, wie mir das Hemd am Körper zu kleben beginnt. 11,5 zeigt das Manometer. Der Zeiger zittert nach oben.

Wieder die Feuertür aufreißen. Wieder zwölf, zwanzig Schaufeln. Der Schornstein reißt im Rhythmus der ersten Schaufeln Funkengarben.

»Greiffenberg – durch«, ruft der Führer.

Kurzer Blick nach vorn. Die Augen haben sich rasch wieder an die Dunkelheit gewöhnt. Frei – zeigt das Einfahrsignal, darunter die beiden grünen Lichter des Ausfahrvorsignals.

»Frei – Durchfahrt!«, rufe ich zurück.

Weichen klirren. Die P 8 schaukelt. Wieder hoch, schaufeln. Pumpen. Schaufeln. Pumpen. Dazwischen Kohlen nässen, heruntergefallene Briketts zurückschaufeln, um Fußfreiheit zu schaffen für einen sicheren Stand. In den Haaren, den Augenbrauen, auf den Lippen klebt dieser ekelhafte, salzige Braunkohlenstaub. Wieder ein Blick nach vorn. »Willmersdorf – durch«, rufe ich. Der Führer ruft es zurück. Meine Hände greifen zur Schaufel, scheinen sich dem Schippenstiel völlig angepaßt zu haben. Nur wenn ich die Finger strecken will, zieht es in den Gelenken. Pumpen. Schaufeln. Unsere P 8 wirft sich buchstäblich durch die Kurve, will im Gefälle nachholen, was ihr auf der Steigung nicht gelingen konnte. Ich halte mich am Dreiwegehahn fest.

Als in Pasewalk die gelöste Kupplung in den Haken klirrt, klingt das wie Engelsgesang in meinen Ohren. Langsam rollen wir durch die Weichenstraße ins Bahnbetriebswerk. An der Kohle stehen vier Maschinen vor uns.

»Mist«, kommentiert mein Führer. Ich zucke die Schultern, hole meine Stullen aus dem Tenderkasten, hocke mich in meine Ecke und beginne, einen brüllenden Hunger zu stillen. Ach, das Leben kann so schön sein! Und dann ein paar Riesenschlucke aus der Kanne. Die dunkelbraune Lorke schmeckt prachtvoll. Mit vollen Wangen kauend nicke ich, als mir mein Meister erklärt, dass er uns in der Lokleitung melden werde.

»Mach mal alleine«, meint er und geht.

Ich fahre vor, nehme Kohle, unterschreibe die Kohleschecks so, dass kein Graphologe die Unterschrift entziffern kann, fahre auf den Kanal, lasse ausschlacken. Schlacke ist kaum in der Feuerkiste, aber der Aschkasen ist randvoll. Auch die Rauchkammer ist hochgefüllt mit nasser Lösche.

Ich bin gerade fertig mit Abölen und beim Wegräumen der Ölkannen, als mein Meister hochgeklettert kommt, in der linken Hand zwei übereinandergestülpte Pappteller.

»Komm, iss!«

Er steht in der Mitte des Führerstandes, unter der Lampe und hebt den obenliegenden Pappdeckel von seinem Mitbringsel ab – da liegen vier Bockwürste, fünf Mark das Stück.
»Los, nimm!«
»Du bist verrückt – die kosten doch ein Vermögen!«, wehre ich ab.
»Komm, iss!«, wiederholt er, drückt mir den warmen Wursteller in die Hand und wendet sich seinem Platz zu, um »Schularbeiten« zu machen, den Lokdienstzettel auszufüllen, den Fahrtbericht zu schreiben. Er lächelt. Ein feines Lächeln, in diesem grobknochigen Gesicht. Altersmäßig könnte er mein Vater sein.
Ich esse die vier Würste, fühle mich danach mächtig stark und muss wohl sofort eingeschlafen sein.
»Zeit zum Rausfahren«, höre ich, als er mich fast von meinem Hocker zieht und ich vor die Feuertür stolpere. Scheibenfahrt, dann gemächlich über die Weichenstraße zum Bahnhof, an den Zug. Noch 20 Minuten Zeit. Das Feuer ist vorbereitet. Ich nicke wieder ein. Wieder reißt mich seine harte Hand aus wohliger Weltabgeschiedenheit auf die Bretter, die meine Welt bedeuten.
»Los, rüber auf die rechte Seite«, brummt er wortkarg und schiebt mich ab.
»Ich darf doch nicht«, stottere ich.
»Du darfst nicht ohne Erlaubnis«, erwidert er. Und setzt hinzu: »Fahr!«
Ich spüre den Puls im Hals, wische verlegen mit der Putzwolle am Führerbremsventil herum, am Regler, fahre kontrollierend mit den Augen über die Manometer, den Wasserstand. Ich beruhige mich. Blicke auf der rechten Seite aus dem Fenster – ich höre die Durchsage zur Abfahrt, nehme das Abfahrsignal der Aufsicht auf, wiederhole laut, zu meinem Meister gewandt, der an der Führerstandstür ebenfalls die Szenerie beobachtet hat, »Abfahren«, registriere sein Nicken und seinen Abgang auf die linke Seite und greife zum Regler.
Der Zug kommt. Kein Schleudern. Alles geht gut. Draußen beginnt es hell zu werden. Ein erster Schein, der aber rasch wieder trübt, kurz

aufhellt, um dann wieder einzutrüben. Nebelbänke! In Seehausen wird der Dunst durchgängig, in Angermünde verdichtet er sich zur Waschküche. Mein Meister schaufelt, beobachtet mich aber aufmerksam.

Ich schwitze, werde unsicher, beginne zu bremsen. Fahre nur noch mit 20 Kilometer pro Stunde. Rasch sehe ich einmal auf die linke Seite. Mein Meister füllt mit dem Oberkörper den Fensterrahmen, blickt angestrengt in Fahrtrichtung. Wieder versuche ich, den dichten Dunst zu durchdringen. Als ich die Schaufel knirschen höre, ist es aus mit meiner Haltung.

»Helmut, komm her!« rufe ich.

Doch statt seine vertraute harte Hand auf meiner Schulter zu spüren, bekomme ich eine ungewohnt lange Rede zu hören: »Musst du lernen … Entscheidung alleine treffen … Sicherheit Geschwindigkeit anpassen … Zigaretten hinter dir … Jackentasche.«

Bake … Bake … Bake. Und da: Gelb!

»Warnstellung.« Wie befreit rufe ich diese Feststellung zu ihm rüber. Ich weiß wieder, wo ich bin, beginne zu bremsen. Im Zuckeltrab erkenne ich zeitig genug den Signalmast; die Einfahrt ist inzwischen frei. Dann der Bahnsteig, die H-Tafel. Wir stehen, sehen von oben die Reisenden nur schemenhaft. Wir hören die Abfertigungsrufe des Zugpersonals. Plötzlich taucht am Führerstand die Aufsicht auf, hebt die Kelle, sagt: »Eure Ausfahrt ist frei«, legt grüßend zwei Finger an die Mütze und wendet sich, im Nebel verschwindend, dem Zug zu.

Die Geste der Kollegialität durchströmt mich mit warmem Gefühl. Ich fühle mich sicherer, die unmittelbare Bangigkeit ist gewichen, obwohl der Nebel nicht nachgelassen hat. Erst in der Nähe der Großstadt mit ihrer riesigen Abwärme wird er lichter. Gesundbrunnen Halt. Ich löse die Bremse aus, wische mit der Putzwolle den Griff des Führerbremsventils ab und gehe wortlos auf die linke Seite.

Mein Meister schüttelt den Kopf.

»Mach mal zu Ende!«

Auch gut. Die Anfahrt ist bei der schmierig feuchten Schiene schwierig, verlangt höchste Konzentration und Fingerspitzengefühl. Ich möchte mich nicht blamieren, nicht das Vertrauen meines Meisters durch stümperhaftes Fahren enttäuschen.
Einfahrt in den Stettiner Bahnhof. Noch 50 Meter bis zum Gleisende. Unbemerkt ist der Meister hinter mich getreten. Noch 30 Meter. Ich bremse. Noch 10 Meter. Noch ein Bremsstoß, dann das Auslösen. Der Zug steht. Fünf Meter vor dem Bock. Ruckfrei.
Eine Hand auf meiner Schulter. Gar nicht hart. Und ein sehr kurzes »Gut«.

Otto

Sein bürgerlicher Name bestand aus Vor- und Familienname, wie es sich geziemt, doch selbst im offiziellen Dienstgebrauch hieß er nur Otto. Wenn er seine knapp zwei Zentner durch die Tür schob und seine Stimme grollen ließ, war »Leben in der Bude«. Wehe dem, der nicht auf jede Frage Rede und Antwort wusste oder es nicht verstand, qualifiziert zu schwindeln. Im Winter 1969 trafen wir das erste Mal aufeinander. Was wusste ich, wer Otto ist?

Wir waren über 15 Stunden unterwegs, sind durchgefroren und hundemüde. Jetzt stehen wir in der Reihe der wartenden Maschinen an der Kohle. Der Wind pfeift durch die Vorhänge, greift in unsere Gesichter und Hände. Die Ölkanne haben wir vor die offene Feuertür gestellt, damit ihr Inhalt flüssig wird und wir ihn auf die Spritze ziehen können. Schrittweise geht es vorwärts. Aus dem Greifermaul poltert die Kohle in den Tender, gute stückige Steinkohle.

Abölen, nach meiner Art: Der Führer geht vor, öffnet die Verschraubungen, führt dabei gleich seine Kontrollen durch, der Heizer füllt die Ölgefäße nach, verschraubt sie wieder. Der Frost zwickt in den Fingern, lässt das Gefühl aufkommen, dass die Knochen immer kürzer werden. Mit beiden Händen möchte man in die Flammen greifen, die Glut berühren.

Zigarettenpause. Die Glimmstängel sind fast so schwarz wie unsere Hände. Der Ausschlacker hat Schwierigkeiten mit unserer Rauchkammer. Ob wir vom Nordpol kommen, will er wissen. Quatsch,

Nordpol! Von Senftenberg kommen wir und wollen auf dem schnellsten Wege in die Kantine. Der Gedanke an ein Kännchen heißen Kaffee und an ein paar frische Schrippen lässt unsere Lebensgeister neu aufflackern.

»Kantine?« Könnt ihr vergessen. Wenn ihr fertig seid, ist die geschlossen«, zerstreut der Mann an der Rauchkammer unsere Hoffnungen.

Was denn? Nichts Warmes? Keine Schrippe?

In mir kocht der Zorn auf – und er tut es lautstark.

»Wer brüllt denn hier so rum? Wenn einer brüllt, bin ick det!« Ein vierkantiges Gesicht unter der zerdrückten Mütze mit goldfarbener Inspektorenkordel – und eine massige Gestalt im ölverschmierten Kittel. Weiß ich, wer das ist, ist mir auch egal.

»Ist ne Sauerei, man haut sich die Nacht um die Ohren, quält sich, friert – und dann noch nicht mal nen Topf warmen Kaffee!«

Der Riese sieht mich an. »Seit wann seid ihr denn unterwegs?«

»Seit gestern Nachmittag um fünf!«

»Kalt, wa?« Seine Hände greifen nach den Handstangen.

»Geht wat futtern und wat Warmet schlürfen. Ick mach det hier schon.«

Wenn so einer das sagt, muss er hier was zu sagen haben. Doch wir haben die Rechnung ohne den Wirt gemacht. Die Küche ist geschlossen. Mit knurrendem Magen kommen wir zurück zur Maschine. Der kittelbewehrte Hüne fährt sie gerade über die Drehscheibe, nicht ungekonnt; er muss mal damit zu tun gehabt haben.

»Wat denn, schon fertig mit frühstückn?«

Hilfloses Schulterzucken: »Schließzeit!«

»Wat? Schließzeit? Na, die werd ick helfen«, grollt die Bass-Stimme. »Kommt beede mit!«

Im Sturmschritt durch den Schuppen. Die Tür mit der Aufschrift »Betriebsküche – Eintritt für Unbefugte verboten« erbebt unter dem Ansturm des Riesen. Und dann ein Lärm, der sämtliches Geschirr er-

klirren lässt: »Wohl alle … sich schämen … Lokomotivpersonal … ganze Nacht unterwegs … Prämie gestrichen … bestrafen!« Bums. Die Tür ist zu und der Putz rieselt.
»Ihr bekommt euer Frühstück, Männer«, grollt die Bass-Stimme. Minuten später öffnet sich die Tür des Speiseraumes und eine der Weißbekittelten aus der Betriebskantine, ohne die eine Eisenbahn nicht auskommt, meint mit leicht gerötetem Gesicht, dass wir ja nicht gleich hätten zum Vorsteher…
Die Schrippen sind wunderbar frisch und beim Kaffee müssen sie sich im Maß vertan haben; er kann Tote erwecken. Mit vollen Backen kauend, meint mein Linksaußen: »Das soll der Vorsteher gewesen sein? Der geht aber ran!«
Das war meine erste Begegnung mit Otto.
Später, als Otto Ableitungsleiter Lokomotivbetrieb bei der Reichsbahndirektion war, habe ich es noch einmal mit ihm zu tun gehabt. Einen Sonderzug sollten wir fahren, zur Küste, mit einer 03 über die »Nordbahn«. Auf dieser Schiene kenne ich beinahe jede Schwelle mit Vornamen und auch die Lokomotive weiß fast von alleine, wo sie stehen zu bleiben hat. Kurzer Blick auf den Fahrplan: Last 600 Tonnen – etwas schwer für eine 03 – doch die Fahrzeit hält sich in Grenzen.
Kurzer Halt in Oranienburg. Wasser, Dampf, Feuer, Lagertemperatur – alles in Ordnung. Jetzt geht es weiter nach dem Sonderzugfahrplan der Direktion Greifswald, den uns die Aufsicht in Oranienburg heraufgereicht hat. Ich nehme das Stück Papier, werfe einen kurzen Blick darauf – na ja, wie hundertmal gehabt, kennt man, nichts Neues. Es ist das mechanische Hantieren des Routiniers, das mich den Plan in den Fahrplankasten stecken lässt. Grünes Licht vom Bahnsteig. Abfahren! Scharf bellt die 03 in den Nachthimmel.
Der Greifswalder Fahrplankonstrukteur war nicht so großzügig wie der Berliner. Zwar liegen wir noch gut im Rennen – aber anstrengen müssen wir uns. Leise klirrt die Feuertür. Mein Heizer – er kennt mehr Lokomotivführer als ich Dienstjahre habe – turnt zu mir herüber.

»Neustrelitz nehmen wir Wasser, wie?«
»Na klar, Erwin, müssen wir doch!«
Die Maschine stampft die Steigung zum Block Drögen empor. »Wie viel Zeit haben wir denn?«
Das Blocksignal zeigt Frei. Ich sehe auf den Fahrplan. Dannenwalde–Strelitz Alt–Neustrelitz: Durchfahrt! Dafür Halt in Neubrandenburg und Grimmen.
Hol doch der Teufel die Fahrplantechnologen! Jeder planmäßige Schnellzug nimmt entweder in Neustrelitz oder in Demmin Wasser. Hätte ich doch nur in Oranienburg den Fahrplan ordentlich durchgesehen! Jetzt geht etwas schief!«, denke ich.
Neustrelitz durch, vorüber an dem Wasserkran, den wir nötiger brauchen als unsere Stullen, hinein in die Steigung nach Thurow. Die Feuertür fliegt zu.
»Das Wasser reicht nicht bis hin«, tönt es aus der linken, dunklen Ecke. Lieber Gott, das weiß ich doch alleine. Bei der Übergabe hätte ich es

merken müssen. Jetzt habe ich den Hut auf. Posten 122, der »Erlösungsstein«. Unsere 03 steckt die Nase bergab. Wir jagen durch Burg Stargard, tosen durch die Laubwaldschlucht hinunter, am Block »Hinterste Mühle« vorbei, nach Neubrandenburg hinein. Am Bahnsteig steht der Brigadevorsteher.

»Wir brauchen Wasser«, verkünde ich.

Der junge Kollege sieht mich an. »Wieso? Reicht denn das Wasser nicht?« Zunächst verschlägt es mir die Sprache, aber dann leuchtet es mir rasch ein, dass dieser Junge bereits mit Diesellokomotiven groß geworden ist; Dampflokomotiven sind für ihn bereits eine betriebliche Ausnahmeerscheinung. »Ja, dann müsst ihr abhängen, rüber kreuzen und hinten am Bw Wasser nehmen. Männer, das gibt Ärger!«

Die Kupplung klirrt. Ra 12. Wir rollen über die Weichenverbindungen, kreuzen und stehen endlich an einem Kran.

»Weiß du, dass sie uns jetzt einen überbraten?«, höre ich meinen Heizer, der oben auf dem Tender steht und beobachtet, wie sich der Wasserkasten füllt.

»Mann, das weiß ich selbst.«

Bei 20 Kubikmeter drehen wir den Kran zu. Es muss reichen. Mit 15 Minuten Verspätung rollen wir aus Neubrandenburg. Weiter. Neddemin, Altentreptow – es beginnt bereits zu tagen. Linkskurve – und weiter durch die Mecklenburgische Ebene.

Ein Nachtvogel versucht, ein kurzes Stück mit uns mitzuhalten. Gültz, Sternfeld, in die Senke hinein, vorüber an dem Haltepunkt mit dem fast unaussprechbaren Namen Zachariae, über die Peene, Demmin durch. Die alte gotische Backsteinkirche reckt ihren Turm in den beginnenden Morgen. Im Grimmen erwartet uns ein Betriebskontrolleur.

Was mit unserer Lokomotive sei, will der Mann wissen. Wieder der Versuch dem Mann zu erklären, warum eine Dampflokomotive Wasser brauche, und dass im Fahrplan Halte vorgesehen seien, wo sich kein Kran befinde. Ich bezweifle, dass der Mann mich verstanden hat. Einfahrt Stralsund frei. Wir sind zwei Minuten später, aber niemand

fragt uns etwas. Ausschlacken, Kohleladen, Wassernehmen. Als ich die Maschine untersuche, erscheint mit wehendem Kittel der Lokleiter und teilt mir mit, wen ich sofort alles anrufen soll; alles hoch dotierte Institutionen. Und dann fragt er: »Was war denn?« Ich sage es ihm. Zur Unterstreichung meiner Unschuld weise ich den Fahrplan vor und füge hinzu: »Was kann ich dafür, wenn die Technologen vergessen, welcher Unterschied zwischen einer Diesellokomotive und einer Dampflokomotive besteht?«
»Ach, de Technologen ... Weetst du, wie de een Kau melken? Mit fünf Mann! Eener hält dat Üter fest, on de veer Annern trekken de Kau hoch un runner!«
Rückfahrt am späten Nachmittag. Als wir an unserem Zug sind, wartet dort bereits der Amtsvorstand. Ob unsere Lokomotive nun repariert sei, will er wissen. Wieder die Erklärung, dass die Maschine nicht defekt gewesen sei, sondern dass technologisch...
Ungläubiges Kopfschütteln.
Es ist Mitternacht, als wir im Heimat-Bw die Maschine abgestellt haben und uns nach Hause abmelden wollen. Der Lokleiter sieht mich mitleidig an.
»Sofort den Vorsteher anrufen, Jochen.«
»Jetzt, mitten in der Nacht?«
»Ja. Sofort.«
Unser Vorsteher – den wir inoffiziell Onkel Heinz nennen – kann wie ein Dampfkessel explodieren, wenn jemand aus Fahrlässigkeit einen Schaden angerichtet hat. Und da ich kein sehr gutes Gewissen habe, sind meine Gefühle gemischt. Aber was hilft es. Als ich mich mit Namen und Dienstgrad melde, höre ich nur: »Aha!« Und dann stammle ich wieder meinen Bericht herunter, den ich nun bereits auswendig kenne.
Noch während meiner Erklärung brüllt es aus der Wechselsprechanlage: »Lichtenberg!«
Der Lokleiter erbleicht. »Das ist Otto«, haucht er.

»Sind die beiden Knallköppe von dem Sonderzug schon drin?« Der Lokleiter sieht mich an.
»Die stehen gerade bei mir vorm Fenster.«
»Ran mit die beiden – die fress ick roh!«
Ich melde mich, bin damit noch nicht zu Ende, da dröhnt es aus dem Lautsprecher: »Wat bist du? Oberlokomotivführer? Dat warst du mal! Machst ja mehr Bockmist wie der letzte Reserveführer! Sofort zu mir! Euch mach ick nen Einlauf!« Meinen Einwand, dass die S-Bahn schon Betriebsruhe habe, kontert Otto mit dem Befehl: »Der Bereitschaftswagen holt euch ab!«
Die Fahrt zur Direktion dauert nur wenige Minuten. Der Kraftfahrer bringt uns durch die nachtleeren Gänge des riesigen Gebäudes zu Ottos Büro. Beim Anklopfen bin ich alles andere als mutig.
»Reinkommen!«, grollt es.
Wenn ein Hauptsekretär vor einem Hauptrat stehen muss, dürfte das Kräfteverhältnis von vornherein klar sein.
»Wie seht ihr denn beede aus? Habt woll mit die Neese Koks jekloppt, wat? Jibt es keen Wassa uff de Lokomotive, um de Kohle nasszumachen?«
Ich murmele etwas von 600 Tonnen Zuglast – und dass…
Der Riese hat seine Hände auf die Schreibtischplatte gelegt. »Seid wohl fertig, ihr beeden?«
»Zugegeben, die Muntersten sind wir nicht mehr.«
»Los, Maat, im Nebenzimmer steht een Kochpott, da machste Wasser heiß und kochst Kaffee. Kannste det? Natürlich! Aber wehe, du kochst Plärre…« Nachdem er meinem Heizer ins Nebenzimmer geschoben hat, nimmt er eine schwarze Brasil. »Roochste ooch sowat? Ne – ooch jut, roochste deine Affenflöten. Aber jetzt will ick wat wissen.«
Ohne Umschweife erkläre ich, was geschehen war, zeige ihm den Fahrplan und vergesse nicht darauf hinzuweisen, dass ich den fehlenden Wasserhalt in Neustrelitz zu spät bemerkt habe. Otto zieht seine buschigen Augenbrauen zusammen, nuckelt an seiner Zigarre.

»Weiter war nischt, Bengel?«
»Nischt!«
Der Heizer kommt mit dem Kaffee. Otto nippt, hustet. »Det is det reinste Rattenjift, wat du jekocht hast, Maat«, knurrt er meinen Heizer an, »willste mia vajiften?«
»Sie haben extra gesagt: Keine Plärre kochen!«
»Ja doch, hab ick jesacht…« Otto greift zum Telefon.
»Von wejen … Lokomotivführer … vabitte ick mia! Die Jungens ham jenau richtich jehandelt. Wenn eure Technologen inne Fahrplanabteilung nich wissen, det ne Dampflokomotive Wasser nehmen muss und wo…« Er wirft uns einen Blick zu und meint, dass wir jetzt nach Hause gehen könnten. Es wäre alles erledigt. Als wir die Tür hinter uns geschlossen haben, hören wir noch die dumpfe Stimme: »Natürlich hätte der Lokomotivführer bei Fahrplanübernahme sehen müssen – aber was muss der noch alles sehen? Natürlich waren die beiden hier, ick hab ihnen den Magen ausjepumpt… Einlauf jemacht… Nee, bestrafen kann man die nich…«
Otto.

Warnow-Express

Mitternacht in Dresden-Altstadt. Unsere 01 räuchert still vor sich hin. Die Luftpumpe schmatzt, von den Gleitbahnen der Lagerführung des Tenders tropft Öl.

Ich stecke den Kopf durch das Schalterfenster der Lokleitung. »De Berliner – ssach nischt Langer, dich genn mehr. Du hast de Nulleens fuffzähnefuffzähn, ne wahr?«

»Null eins fünfzehnfünfzehn, Strich vier«, verbessere ich. Der Lokleiter, ein Eisenbahner mit Leib und Seele, der bei dem Kesselzerknall der 03 1046 beide Beine verlor, sieht mich nur kurz an. »Strich vier – soon neumoodschen Kram.«

Ich nicke. Er humpelt zum Dispobogen, wirft einen Blick über die Grafik. Wie viele solcher Eisenbahner gibt es eigentlich, die fernab vom großen Geschehen der Schiene tagaus, tagein still und zuverlässig ihre Pflicht erfüllen?

»Geht sei Gang! Is de Lokomotive fertsch?«

»Alles klar, Chef!«

»Schälschen Heeßen habt dr ooch genomm?«

Kopfnicken – und dann: »Schafft eich naus, 1278 gommt Plan.«

Wir steigen auf die hohe Laube – unsere »Nulleensfuffzähnfuffzähn« ist eine Reko-01 und hat daher eine Trittstufe mehr als die Altbaureihe – fahren auf die Scheibe, passieren knurrend die Weichenstraße und lassen uns in Bahnsteignähe abstellen. Beim Halten schwappt Wasser aus der linken Einfüllöffnung.

»De Berliner, de Nulleens – fertig machen, 1278 hat Einfahrt!« Weichen glitzern im Lampenlicht. Am Signal flammen zwei weiße Lampen auf. Ein kurzer Pfiff – und Wuff macht unsere Reko. D 1278 »Warnow-Express«, der schnellste Zug der Deutschen Reichsbahn. Fahrzeit von Elbflorenz bis Spreeathen eine Stunde und 58 Minuten! Die Puffer drücken an. »Hat gelangt«, vernehme ich die Stimme des Rangierleiters. Druckluft zischt. Die Luftpumpe beschleunigt ihr Tempo.

»Heizen?«, fragt mein Linksaußen.

Der Rangierleiter winkt ab. »Bei der Demse – außerdem wolln so doch alle zur See nuff un baden.« Ein weißes Licht: Bremse anlegen.

Zwei weiße: Bremse lösen.

Drei Lampen: Bremse in Ordnung!

Der Zugführer kommt: »Eier Buch, Meestr?«

Wir tauschen Leistungsbuch mit Bremszettel.

»48 Achsen – und 135 Brozent inr Hemme!«

Die Schaufel scharrt auf der Tenderbühne. Flammen lodern auf dem Rost. Noch drei Minuten. Ein Blick auf den Fahrplan. Sich bei diesem Zug einmal am Signal zu vergucken, kostet Heizerschweiß, bedeutet Schinderei für den Kollegen auf der linken Seite. Noch 2 Minuten. Die »Ackermänner« brummen. Noch eine Minute. Abfahren.

Die Reko schnaubt in den Sommernachtshimmel, erst etwas feucht, dann aber zuverlässig. Altstadt hinaus. Von irgendwo glänzen Lichter aus Häusern. Dresden-Mitte, der Bahnsteig huscht vorüber. Dann die Marienbrücke. Nur für einen Moment erdröhnt das Stahlgewölbe unter unseren 171 Tonnen. »Neustadt, beide frei«, kommt es von der linken Seite. Die 1515 stampft, reißt Rußfetzen und Funken aus dem Schornstein, schwankt. Keine Sekunde haben wir zu verschenken. Hoch die leichte Steigung nach Pieschen. »Grüne Welle« verkünden die Signale. Der Griff der Steuerungskurbel klirrt leise. Radebeul Ost – Durchfahrt! 130 km/h zeigt die Scheibe an. Auf den Nebengleisen duckt sich verschlafen eine 99er hinter ihrem winzigen Schuppen.

Mein Heizer turnt von der linken Seite herüber. »Noch schnell eene roochen.«
»Na denn«, meint der Mann und sticht die Schaufel in das schwarze Gestein. Radebeul West, Abzweigung Az. Die Lokomotive wiegt sich in den Federn. 16 atü Schieberkastendruck, 40 Prozent Füllung. Unsere Reko will es fast zerreißen. Rechtskurve, vorüber an Weinbergen, die man nur schemenhaft wahrnimmt.
Der Fahrtwind zerrt an meinem Gesicht. Hoch nach Böhla, vorüber an der »Siegereiche« – eines Tages wird der Baum zu Gunsten eines Fahrleitungsmastes fallen. Das kleine Bäumchen duckt sich im Fahrtwind. »Böhla – Durchfahrt«, ruft der Linksaußen. Noch kann ich nichts sehen, aber wenn er Durchfahrt sagt, stimmt es. Irrtum ausgeschlossen. Außerdem: In unserem Beruf irrt man sich nur einmal. Weichen rumpeln unter dem Tender, lassen ihn hüpfen. Wir sind raus aus dem Elbtal. Im Fahrplankasten tickt die Taschenuhr, fordert der Sekundenzeiger »Weiter, weiter…«

Großenhain. Die Aufsicht hält ihre Mütze fest. Sie weiß: 1278 – das sind die Halbverrückten. Drei Minuten später. Bis Elsterwerda müssen wir sie gut gemacht haben, sonst läuft nichts mehr.
Der Fahrtwind fängt sich im Tender, wirbelt Milliarden Staubkörnchen auf, zieht sie als Masken um unsere Gesichter. Prösen-Wainsdorf – Elsterwerda. Nur grüne Lichter an der rechten Seite. Eine Brücke donnert unter unserer Reko. An dieser Stelle nahm die 01 226 einmal ein unfreiwilliges Bad. Der Lokomotivführer bekam damals für die Rettungsaktion 150,- Mark – und gab seinem Heizer keinen Pfennig ab.
Die Schranke hinter Elsterwerda – und hoch nach Hohenleipisch. Unsere Reko röhrt aus vollem Hals. Eine Durchfahrt und weiter hoch. Dunkler Wald umfängt uns. Die Räder hämmern über Schienenstöße. Abzweigung Gorden – Frei! Das grüne Licht huscht vorüber. Wieder Wald. Und dann: Rückersdorf – Durchfahrt! Jetzt kommt gleich rechts das Sägewerk, dann die Spänebude. Ein Bahnübergang, Weichen und dann wieder Dunkelheit… Rechtskurve, Doberlug-Kirchhain. Die Brücke, der Bahnsteig, die Ausfahrt – alles fliegt in Bruchteilen von Sekunden an uns vorbei. Die Schienen singen. Über den schwankenden Führerstandsboden turnt der Linksaußen, wirft einen Blick auf den Tacho.
»Na ja, läuft ja«, kommentiert er.
Das Morgengrauen kündet den neuen Tag. Wünsdorf sind wir durch, wir jagen hinunter nach Zossen. »Einfahrt frei, Ausfahrt halt!«, kommt der Zuruf. Das Führerbremsventil faucht. Als der Signalmast vorüberhuscht, bemerke ich, dass das Tageszeichen des Ausfahrsignals Frei ankündigt.
Tatsächlich, das Hauptsignal zeigt eindeutig Frei. Also scheint das Vorsignal gestört zu sein – doch was hilft es uns. Wieder auf den Regler, vor mit der Steuerung. Dabendorf, Rangsdorf, Blankenfelde. Frei, hundert auf sechzig zeigt das Signal. Die Bremssohlen greifen, ziehen feurige Kreise um die Radreifen. Die Lokomotive legt sich in

die Kurve. Stahl knirscht auf Stahl, Rauch wirbelt salzig und heiß ins Fenster.

Außenring – die Rennbahn. Ich habe unserer Reko die Zügel freigegeben. Die Schienenstöße hämmern unter der Lokomotive, der Kessel schwankt. Ich sehe vor mir nur noch die Lichter der »Grünen Welle«. Flughafen Schönefeld; der S-Bahnzug hat die Lichter ausgeschaltet und wartet auf den Betriebsbeginn. Wieder Weichen, und dann Dunkelheit. Grünauer Kreuz, Frei mit sechzig auf vierzig! Rum um die Kurve – es sind gut sechzig. Und hinein in die Weichen – das sind auch reichlich vierzig. Vorbei an Adlershof, Schöneweide, Baumschulenweg, hoch die Kurve nach Treptow, Okn, Gabelung, und wir sind in Berlin-Lichtenberg.

Blick auf den Uhrzeiger: Planmäßig. Nur ein paar Reisende verlassen den Zug, die Übrigen träumen im Schlaf- oder Liegewagen dem Rauschen der Ostseewellen entgegen.

Die Kupplung klirrt. »Wenn Licht brennt, könnt ihr vor!«

Der Heizer hat die Blechglocke der Führerstandsbeleuchtung geöffnet. »Was meinst du, wie du aussiehst?«, fragt er grinsend und hat selbst nichts Weißes als Augen und Zähne im Gesicht. Der Einzahn schnarrt im Feuerlochring, an dem sich bereits die Schlacke türmt. Nur noch ein Viertel der Rostfläche voll Feuer – aber die »Ackermänner« brummen. Was die Reko-01 im Dampfen brachte, wird wohl bei keiner anderen Rostlokomotive Europas mehr möglich sein.

»Zwei Helle!« – gemeint ist Ra 12. Dampf schnaufend rollen wir über die Weichen ins Bw. Unter der Bunkerbühne halten wir. Das schwarze Gestein poltert in den ziemlich leeren Tenderkasten. Sechs Tonnen zeigt die Waage an.

»Fritze, da musst du dich geirrt haben«, protestiere ich beim Kranführer. Der blickt auf den Waagenzeiger.

»Vielleicht war's in Dresden nicht ganz voll…«

»Aber 6 Tonnen nicht – sagen wir … vieracht. Und in einer Stunde – ein Kännchen Kaffee und zwei Knacker?«

Das Tauschgeschäft ist perfekt. Ausschlacken und Wassernehmen ist bei einer Reko kein Problem und dann endlich jault der schon etwas altersschwache Drehscheibenmotor. Das »Schlabberventil« der Strahlpumpe klappert. Nun noch nachsehen, ob alles dran ist, abölen, den Führerstand abspritzen, den Stehkessel abwischen, die Scheiben putzen.

In der Kantine stellt sich auch der Kranführer ein. Ich bezahle sechs Knacker und drei Kännchen Kaffee. Am »Spinnertisch« sitzen ein paar Unentwegte und erzählen ein Eisenbahnerlatein, bei dem sich die Schwellen biegen.

Die Ablösung kommt. Ich schiebe das Schlüsselbund über den Tisch.

»Noch Öl holen?«

»Könnt fahren, alles in Ordnung.«

Monsieur Erwine

Über 50 Dampflokomotiven zählt meine Sammlung. Hochbeinige Renner, bullige Lastenschlepper, Bergsteiger und die Tenderlokomotiven, die namenlosen fleißigen Bienen, die auf den Nebenbahnen, auf den Rangier- und Abstellbahnhöfen ihren Dienst verrichten, stehen einträchtig nebeneinander. Zu vielen ihrer großen Vorbilder habe ich eine persönliche Beziehung, diente auf ihnen, auf der linken wie auf der rechten Seite, erlebte schöne und auch weniger schöne Stunden.

Ein Exemplar meiner Sammlung fällt aus dem Rahmen. Die gewiss nicht schmächtige 01 wirkt neben dem kaffeebraunen Riesen der »CHAPELON 231« fast bescheiden. Ungewohnt für unsere Augen – jedoch imponierend der gradlinige Umlauf, die auffällig breite Pufferbohle mit der weißen Umrandung, der »Kilchap-Doppelblaskopf-Schornstein« und das Ungetüm von Tender mit dem sagenhaften Raddurchmesser.

Das Modell der Chapelon ist ein Geschenk meines Freundes Yves, Lokomotivführer – oder Chauffeur, wie die Franzosen bei der SNCF sagen. Von ihm hörte ich die Geschichte dieser Lokomotive, ihrer Entstehung, mit der sich André Chapelon ein Denkmal setzte.

»Weißt du, Jo«, erklärt mir Yves, »eine Chapelon in voller Fahrt, wenn du sie herkommen hörst, das ist wie ein Wasserfall, ein Rauschen, das immer stärker wird. Du vernimmst keinen Abdampfschlag, das machen die Ventilsteuerung und das Verbundtriebwerk;

es ist ein Rauschen, das sich zum ohrenbetäubenden Dröhnen steigert.«

Yves ist einen halben Kopf kleiner als ich. Sein krauses, volles Haar ist weiß wie der Kalk der Champagne, doch seine dunklen Augen funkeln, als er mir erzählt, dass eine Chapelon Testfahrten mit einer Ellok unternahm um bei hohen Geschwindigkeiten das Anliegen der Stromabnehmer zu testen. Warum die Ellok nicht alleine fuhr? Yves lächelt: »Hätte doch diese »Straßenbahn« nie geschafft. 160 Kilometer in der Stunde – da lacht eine 231 drüber.«

Ich spüre sofort: Hier spricht einer von uns!

Die 231 sei für französische Lokomotivführer nicht nur das Nationalheiligtum, erklärt er mir; für ihn habe sie eine weitere Bedeutung.

»Vor vierzig Jahren war ich alles andere als ein Freund der Deutschen. Wir Franzosen achten die Gastfreundschaft – aber solche Gäste meinten wir nicht. Es gab unter ihnen solche, die einen Totenkopf am Kragenspiegel trugen. Es waren Menschen, die – nein, es waren keine Menschen. Sie griffen wahllos Leute auf der Straße auf, trieben sie zusammen vor eine Wand – und dann knattert eine Salve. Es sollte eine Vergeltung sein, weil Widerstandskämpfer einen Truppentransporter zur Entgleisung gebracht hatten. Meine Mutter war an diesem Vormittag einkaufen gegangen. Sie ist nie wiedergekommen. Die Lebensmittelkarte ließ mir die Gendarmerie durch die Post zustellen.«

Yves schweigt. Ich kann ihn jetzt nicht ansehen. Unsere Großväter standen sich bei Sedan und Mars-la-Tour gegenüber, die Väter bei Verdun, und ein irrsinniger Befehl jagte sie knapp 20 Jahre später erneut aufeinander los. Wofür? Für wen?

Yves legt mir die Hand auf die Schulter. Er wolle mich nicht verletzen, sagt er, doch wenn er mir das nicht erzählt hätte, könnte ich die Geschichte von der 231 und Monsieur Erwine nicht verstehen.

»Monsieur Erwine, weißt du, war Deutscher. Sein Französisch klang wie raukehliges Arabisch. Er hatte Hände wie Tatzen, und wenn er dir mal um den Arm griff, meintest du, eine Zange hätte dich gepackt. 1943 kam Monsieur Erwine zu uns. Auf den ersten Blick ein »boches« vom Scheitel bis zur Sohle. Was das »Dritte Reich« an Orden für untere Chargen zu vergeben hatte, trug er: Eisernes Kreuz zweiter und erster Klasse, Deutsches Kreuz in Gold, Verwundetenabzeichen – Man erzählte, dass er aus sowjetischer Gefangenschaft geflohen sei. Also ein Nazi!«

Ich kam zu Monsieur Erwine als Heizer. Bei unserer ersten Fahrt – oder besser vor ihr – hängte er das Koppel mit der Pistolentasche an den Haken und gab mir die Hand.

»Ich heiße Erwin«, meinte er, »und du?«

»Yves«, erwiderte ich.

Er ölte die Maschine ab, denn bei der französischen Eisenbahn machte das der Chauffeur. Ich musste ihm lassen, dass er sehr geschickte Hände hatte. Sorgfältig beobachtete ich ihn beim Befahren der Scheibe. Bisher hatten die meisten Deutschen Schwierigkeiten mit der linken Führerseite und mehr als einmal hatten unsere Chapelons einen Satz gemacht und dann war am Scheibenende die Fahrt im Sande verlaufen.

Schon nach den ersten Kilometern merkte ich, welchen Chauffeur ich hatte. Als habe er nie in seinem Leben etwas anderes gemacht, stand er mit der Ventilsteuerung auf Du und Du, und mit der Bremse ging er um wie ein Schlafwandler. Traumhafte Sicherheit.

Schade, dass so einer ein Deutscher ist, dachte ich.

Dabei benahm er sich auf der Maschine so, dass sich mancher meiner Landsleute eine Scheibe abschneiden konnte. Er griff mit zu, wenn mal was nicht klappte, teilte seine Zigaretten und seinen Kaffee mit mir und versorgte mich mit manchem, was es für uns Franzosen längst nicht mehr gab.

Eines Abends, nach Dienstende, schob er mir ein Paket zu. »Nimm mit!«, befahl er. »Es ist Stoff drin, Wollstoff – kann ein warmer Mantel für deine Mutter werden.«

»No, Monsieur Erwine«, murmelte ich.
»Jetzt hör endlich auf mit deinem Monsieur Erwine auf«, fauchte er. »Es gefällt mir nicht, dein dauerndes Monsieur Erwine, wir fahren nun einmal miteinander; und wenn der eine sich nicht auf den anderen verlassen kann, gehen wir zusammen zum Teufel. Begreifst du das? Und nun nimm den Stoff mit und sage deiner Mutter einen schönen Gruß, unbekannterweise, von Monsieur Erwine«.
Ich sah ihn an. So kann sich doch kein Mensch verstellen. »Meine Mutter braucht keinen Mantel, Mon – pardon, Erwine.«
»Sie braucht einen. Ich kenne das. Ältere Menschen frieren leichter als wir. Als meine Mutter noch lebte, hat sie auch ewig gefroren.«
»Spricht so ein Nazi?«, dachte ich. Es könnte auch eine Falle sein, denn die vom Sicherheitsdienst waren schließlich keine Anfänger. Ich wollte Klarheit haben.
»Wenn du es also willst: Mutter braucht keinen Mantel mehr! Sie ist erschossen worden, als Geisel! Weißt du, was sie getan hat: Einkaufen wollte sie, das bisschen, was es an Karten gibt. Und dann haben sie sie erschossen. Deine Leute.«
Erwine presste seine mächtigen Tatzen gegeneinander. In seinem Gesicht arbeitete es. Er nickte nur. »Versteh dich, Yves«, hörte ich ihn. Und dann sprach er eine Weile vieles vor sich hin, was ich nicht verstand, weil er deutsch sprach. Dann fasste er sich. »Gib den Stoff jemandem, der ihn gebrauchen kann, Yves!«
Wir machten unseren Dienst. Es war nicht einfach. Die anfänglichen Störflüge der englischen Luftwaffe wurden regelmäßig und ihre Bomben trafen oft die Falschen. Wir sollten den Schnellzug nach Le Havre befördern. Die Maschine war fertig. Gedämpft stampfte die Luftpumpe im Leerlauf vor sich hin. Irgendetwas quiekte. »Die Pumpe ruft nach dem Heizer«, brummte Erwine, setzte aber dann hinzu: »Ach ja, bei euch Franzosen muss ja der Chauffeur abölen.«
Er fand nach kurzem Suchen die Ursache. Eine defekte Ölsperre hatte Wasser in die Umsteuerung gedrückt. »Keine 50 Kilometer wären wir

damit gekommen«, erklärte er mir. Wir bespannten den Le-Havre-Express, Erwine sah zum Nachthimmel. Er war bewölkt. »Bomberwetter«, brummte er.
Ich bereitete das Feuer vor. Ein Strich rechte Seite, ein Strich linke Seite, zwei Strich in der Mitte.
Erwine sah auf die Uhr.
»Gefällt mir nicht, dieser Dienst heute. Halt die Ecken hinten fest, dass sie keine Funken reißt – und wenn wir aus dem Bahnhof raus sind: Licht aus!« Er setzte sich in seine Ecke.
»Sag mal, Erwine«, fragte ich, »als du bei den Russen in Gefangenschaft warst – da war der Krieg für dich doch schon zu Ende?«
Er zog an seiner Zigarette.
»Die Russen – was man uns über die erzählt hat – natürlich empfangen sie dich nicht mit einem Bruderkuss – Als sie mich abführten, ging ein alter Sergeant hinter mir – ich hörte die Granate nicht, die herfauchte – er riss mich zu Boden – der Splitter durchschlug seinen Stahlhelm. Ich schlich dann alleine weiter, durch die Front, bis ich wieder auf unsere Posten traf …«
»Warum bist du nicht dort geblieben?«
»Ich hatte keine Lust auf Sibirien. Wollte nach Hause, nach Berlin, auf den Prenzlauer Berg. Hatte da ne Frau und zwei Gören.«
»Und?«
Er sah nach vorne, auf die gleißenden Schienenstränge, auf die roten, gelben und grünen Signallampen.
»Weißt du, was eine Luftmine ist, Yves? Ein Ding, so groß wie eine Litfasssäule. Sie zerreißt einen Wohnblock wie nasses Papier. Was dann noch überlebt, erstickt im Gas aus geborstenen Röhren oder ersäuft' im Wasser.«
Er schwieg eine Weile, dann setzte er hinzu: »Wer das Glück hatte, zu überleben, schrieb seinen Namen mit Kreide an die stehen gebliebenen Mauerreste. Ich habe lange gesucht – unser Name stand nirgends!«

Ach, Erwine, dachte ich – und dich habe ich für einen »Boche« gehalten.

Wir fuhren. Es ging alles glatt. Die 231 lief wie ein Uhrwerk, wie immer. Noch 30 Kilometer bis Le Havre. In einer sanften Rechtskurve fiel die Strecke ab, durchschnitt ein kleines Waldstück. Ich war gerade beim Schaufeln, als die Schnellbremse fauchte, Erwine die Feuertür zustieß und ich durch die Bremswirkung gegen die Kesselwand taumelte.

»Ich hab's geahnt«, hörte ich ihn fluchen.

Vor uns griffen unzählige Lichterarme in den Himmel, detonierten grell blitzend die Flakgranaten. Aus der Ferne hinter uns klang gedämpftes Dröhnen, einem riesigen Hornissenschwarm gleich.

Erwine ließ die Dampfpfeife gellen, hastig, in kurzen Abständen. Fliegeralarm!

Die Wolkendecke war aufgerissen, und verräterisch hell glänzten die Schienenstränge und die nassen Wagendächer. Die ersten Reisenden sprangen aus den Wagen, liefen panikartig dem schützenden Dunkel des Waldes zu. Rufe, Schreie, Kinderweinen, dazwischen Kommandos.

»Los, Yves, hilf den Leuten aus dem Zug!«

Das Dröhnen in der Luft schwoll an. Schon konnte man das tiefe Brummen der Viermotorigen von dem hellen Singen der Begleitjäger unterscheiden.

»Sie schaffen es nicht mehr, Yves! Sag ihnen, sie sollen sich unter die Wagen werfen, hinter die Räder legen…«

Ich gehorchte, versuchte das Chaos zu ordnen, stolperte über Gepäckstücke und Menschen, die sich Schutz suchend auf den Boden duckten.

Jetzt waren die Bomber genau über uns. Wir wagten kaum zu atmen. Plötzlich vernahm ich das Zischen von Druckluft. Irgendjemand hatte die Luftleitung unterbrochen. Eine Kupplung klirrte.

Ich sprang auf. »Erwine«, schrie ich, »was machst du?«

Die »Chapelon«, die »231« unserer französischen Kameraden ist so etwas wie ein Nationalheiligtum. Kennern der Szene wird sofort die Ähnlichkeit mit der preußischen S 10^0 in Konturen und Linienführung auffallen, allerdings mit der Einschränkung, dass nicht die Franzosen bei uns, sondern wir bei ihnen »abgekupfert« hatten.
In über 60 Dienstjahren bildete die 231 das Rückgrat des Schnellzugdienstes, sie war auch vor so legendären Zügen wie dem »train bleu«, dem »Express le orient« und dem »Flèche d'or« zu finden. Erst gegen Ende der Dreißigerjahre, als die stark gestiegenen Zuglasten gebieterisch eine zugkräftigere Lokomotive verlangten, wurde die »Chapelon« durch die vierfach gekuppelte »241« abgelöst. Es ist auch kein Zufall, dass die neue Lokomotive bis auf Kessel und Laufwerk mit der »Chapelon« beinahe identisch war.
Und noch einmal sollte eine »Chapelon« Eisenbahngeschichte schreiben. Bei der Entwicklung des TGV standen die Ingenieure vor der Frage: Wie werden sich die Stromabnehmer bei den vorgesehenen hohen Geschwindigkeiten verhalten? Flatternde Schleifbügel bei 25 KV? Das halten weder Stromabnehmer noch Fahrleitung aus. So kam also eine Erprobung »unter Strom« zunächst einmal nicht infrage.
Was tun? Wenn man nun den Triebkopf schleppen würde, zwar mit angelegtem Bügel, aber abgeschaltetem Fahrzeug? Man könnte auch die gesamte Teststrecke elektrisch abschalten!
Der Gedanke sei nicht schlecht, meinten die Ingenieure. Aber womit solle man die Fahrzeuge, nämlich den Triebkopf und den Messwagen, schleppen? Das vorgesehene Tempo würde keine Diesellok schaffen.
»Brauchen wir auch nicht! Die zwei ‚Hutschachteln' schleppen wir mit Dampf!« Es war der Operativingenieur des Lokomotivbetriebs, der diese wie man meinte »tollkühne« Behauptung wagte. Schließlich sei es ja noch gar nicht so lange her, dass die SNCF Züge mit klangvollen Namen wie »Capitol«, »Mistral« oder »Flèche d'or« mit einer 231 bespannt und damit selbst die Fahrzeitvorgaben der UIC eingehalten hatte. Gegen dieses Argument waren selbst die größten Skeptiker machtlos.
Knapp vier Wochen nach dieser denkwürdigen Aussprache brachten alle Tageszeitungen im Lande ein Titelfoto. Es zeigte eine »Chapelon« in voller Fahrt und im Schlepp den Triebkopf eines TGV. Die Bildunterschrift lautete: Großmutter lehrt ihren Enkel das Laufen.

Unsere 231 trampelte einmal, zweimal, stieß den Abdampf aus dem Schornstein, beschleunigte, jagte davon.
Grell weißer Feuerschein drang aus dem Führerstand, zeichnete messerscharf die Umrisse der Maschine, des Tenders. War denn Erwine wahnsinnig? Die Piloten sehen das doch aus ein paar Tausend Metern? Und da waren sie auch schon, die Begleitjäger, zwei schnelle, einmotorige Maschinen. Sie zogen dicht über den Zug hinweg, folgten der Chapelon – Maschinengewehre rasselten, Bordkanonen bellten böse.
Da hörte ich schrilles Kreischen der Bremsklötze, pfeifendes Zischen von Dampf. Dort, wo sich die 231 jetzt befinden müsste, sah ich eine riesige Wolke.
Ich sprang auf, lief den Bahndamm entlang. Da gellte die Dampfpfeife der Chapelon auf, schrie wie ein verwundetes Tier, gellte durch die Nacht. Keuchend, nach Luft ringend, erreichte ich die Lokomotive. Dampfwolken hüllten sie ein. Ich fand die Handstangen, zog mich empor.
Der Regler war noch voll geöffnet, Erwine über dem Steuerbock zusammengebrochen, doch die Steuerung lag auf Mitte und die Zylinderhähne waren geöffnet.
Ich hob Erwine herunter. Die Dampfpfeife verstummte. Ich schloss den Regler.
»Erwine«, flüsterte ich und schüttelte ihn, »Erwine… camarade…« Er öffnete die Augen, mühsam. »Yves«, murmelte er, »guter Junge… sag mir, hat es geklappt – mit dem Trick?«
»Hat geklappt, mon chef… Als die Flieger den Feuerschein sahen, haben sie den Zug überhaupt nicht angegriffen.«
Erwine sah mich groß an. »Sie ist eine feine Lok, die Chapelon…« Es waren seine letzten Worte.
Ich griff zum Hebel der Dampfpfeife, ließ ihre Stimme über das Land gellen und gab das Notsignal, das man überall auf den Schienen kennt. Wir hatten einen Kameraden verloren.

Gaston – ein Eisenbahnerjunge

Ich bin kein guter Erzähler, chèr amis. Meine Frau pflegt immer zu mir zu sagen: Dir muss man zu Hause jedes Wort aus der Nase holen – aber im Modelleisenbahnclub, im Anglerverein und vor allem in der Kneipe von Joseph, da kannst du reden, mon dieu…
Wir wohnen in einer Eisenbahnersiedlung am Stadtrand. Natürlich kennt einer den anderen, weiß, wer welche Krankheiten hat, wer wen heiraten will – und auch welches Mädchen von wem ein Kind bekommt. Selbstverständlich kommt auch sofort raus, wer einen Prellbock über den Haufen gefahren hat, einen Wagen entgleisen ließ, der heimlich wieder eingegleist wurde, ohne dass der »chef de gare«, der Bahnhofsvorsteher, etwas davon merkte… Na und noch so vieles andere.
Mein vierzigjähriges Dienstjubiläum war auch schon bald ein halbes Jahr vorher im Gespräch. Manche Frauen wollten sogar schon wissen, dass meine Therese zu diesem Festtag ein dunkelgrünes Samtkleid anziehen würde…
Ja, und dann kam der bewusste Tag. Freunde fanden sich ein, auch solche, mit denen man eigentlich nie so befreundet war, und unser Depotingenieur hielt eine Rede. Nach der musste jeder denken, dass Yves Bernal der beste und zuverlässigste Lokführer Frankreichs wäre. Dabei wusste er ganz genau, dass ich vor sieben Jahren mit der »204« auf den Bock gerutscht war und dabei der Maschine die »Hörner« verbog, dass ich mal zwei leere Platten raus geschmissen hatte und mit

dem Personenzug 449 zehn Minuten Verspätung wegen Dampfmangel gemacht hatte. (Die zwölf Minuten Verspätung mit dem Lyoner Schnellzug konnte er nicht wissen, weil Lucas, er ist Fahrdienstleiter im Südbezirk und außerdem mein Nachbar, mitgeschwindelt hatte. Aber das brauche ich euch ja nicht zu erklären. Wo kämen wir hin, wenn die »Chefs« alles erfahren würden.)
Da saß ich nun in meinem besten Anzug, wie auf einem Präsentierteller und meine Therese fing vor Rührung an zu heulen und streichelte mir sogar die Hand, sodass es auch alle sehen konnten... Dabei hatte sie sonst, wenn ich mal später vom Dienst nach Hause kam, Schimpfworte bei der Hand, die ich hier lieber nicht aufzählen will. Na, ihr wisst ja selbst, wie das ist. Man hat Feierabend und wenn man so den Staub wegspülen muss, dann kann es mitunter später werden. Nach der Rede überreichte mir der Depotingenieur das Diplom für vierzigjährige, treue Dienste bei der SNCF und Georgette, sie ist so ein hübsches, knuspriges Ding von 22 Jahren, musste mir die Medaille anstecken. Sie hakte die Nadel ein, übergab mir einen Strauß von vierzig Nelken und sagte: »Herzlichen Glückwunsch, Monsieur Bernal, im Namen der Eisenbahnverwaltung und besonders auch von uns allen. Wir wünschen ihnen alles Gute und immer die berühmte Handbreit Eisen unter den Rädern.« Dann stellte sie sich auf die Zehenspitzen und gab mir zwei Küsse – einen auf die linke und einen auf die rechte Wange. Und alle haben geklatscht, selbst meine Therese.
Dann sollte ich eine Rede halten. Zuerst schwammen mir alle Fische weg, doch dann sagte ich: »Wisst ihr, Freunde, wir sind miteinander alt und grau geworden. Unsere Kantine ist doch zu klein und ich schlage vor, wir gehen alle zu Joseph. Es wird doch heute sowieso ein langer Abend...« Dazu muss ich sagen, dass ich natürlich schon vorher mit Joseph vereinbart hatte, dass wir kommen würden. Er hatte uns auch den großen Saal ohne Miete überlassen. Dabei wusste der alte Fuchs ganz genau, wenn Yves Bernal sein Vierzigjähriges feiert, ist mehr Umsatz, als wenn die Feuerwehr ihre Jahreshauptversammlung abhält.

So zogen wir durch die Siedlung. Vorneweg unsere Kapelle – sie bläst mehr laut als richtig, doch das kannten wir ja, dann kam ich, rechts von mir meine Therese und neben ihr unser Ingenieur.
Na, und bei Joseph wurde erst einmal gegessen und getrunken. Die jungen Leute tanzten – zuerst musste ich mit meiner Regierung noch ein Solo aufs Parkett legen – und selbst das klappte noch. Dann setzten wir Alten uns zusammen und erzählten. Natürlich wurde gefachsimpelt – wie sollte es auch anders sein. Nur Lucas hatte sein Glas Pernod immer zuerst leer. Ich schob dann einfach die Flasche etwas von ihm weg. Mal mussten die verschwindelten zwölf Minuten des Lyoner Schnellzuges auch abgegolten sein.
Wie das so ist, wenn die Grauhaarigen beieinander sitzen, immer das alte Thema: Weißt du noch…
Da kam Gustav, er ist von der Ellok, auf die Idee, jeder sollte eine Geschichte erzählen, eine wahre natürlich, und zwar so eine, die wir noch nicht kannten. Wir waren sofort einverstanden und Gustav meinte: »Yves, du bist heute der Erste, du fängst an!«
Merde, dachte ich. Wisst ihr was das heißt? Nein? Na, Gott sei dank. Ich kratzte mir den Kopf. Eine Geschichte, eine Geschichte… Da fiel mir Gaston ein.
Jeder in unserer Siedlung kannte Gaston. Sein Vater war bei uns Lokführer und fuhr eine der »hochbeinigen« PLM-Maschinen. Gaston, das war – eben Gaston. Immer schmutzig, mochte man ihn auch eine Stunde zuvor sauber angezogen haben, aber mit seinen zwölf Jahren schon fast ein Eisenbahner. Seine Schulmappe lag meist auf der Erde in der Nähe des Wasserkrans, und wenn die »Durchläufer« anhielten, half er den Ausleger herumzuschwenken, lief wie ein Wiesel in die Bahnhofsgaststätte und holte für das Personal ein paar Zigaretten, drückte sich bei den Wagenmeistern herum, kroch sogar mit unter die Wagen – und wenn man ihn wegjagte, war er wie ein Kater schon in zwei Minuten an der gleichen Stelle.
Bei seinem dunklen, in die Stirn hängenden Haarschopf hätte jeder

Kamm versagt, aber unter den Haarsträhnen leuchteten ein paar Augen wie Sterne, so munter und blank. Wie gesagt, seine Freizeit verbrachte der kleine Gaston auf dem Bahnhof. Einmal, beim Rangieren, hatte einer der Hemmschuhleger den Hemmschuh zu kurz oder nicht richtig gelegt, jedenfalls: Der volle Kesselwagen mit Benzin für die Deutschen schob den Hemmschuh beiseite und rollte auf den Bock zu. Fernand, der Rangiermeister, mon dieu – er konnte Rangieren, obwohl seine Handschuhe nie schmutzig waren, gab wie verrückt mit der Signalpfeife Notsignale. Ein Benzinkessel mit dem Tempo auf den Bock – das kracht. »Werft euch hin, Jungens«, schrie Fernand, »werft euch hin…«
Doch plötzlich verlangsamte der Wagen seine Fahrt und blieb stehen – fünf Meter vor dem Bock. Aus dem Bremserhäuschen kletterte Gaston und hielt sich mit der linken Hand die beim Aufspringen zerrissene Hose zu. Schuldbewusst sah er Fernand von unten an und murmelte: »Ging doch nicht anders, Monsieur Fernand, der Eilzug aus Dijon hat doch schon Einfahrt…«

Gastons Vater redete zwar langsam mit dem Mund, dafür umso schneller mit der Hand, das wusste jeder. Nach Schichtschluss brachte Fernand den kleinen Gaston selbst nach Hause. In die Ecke gesetzt wartete Gaston auf das Donnerwetter, doch es blieb diesmal aus. Statt dessen schenkte ihm Fernand seinen Chronometer – das ist so eine Taschenuhr, die man noch mit einem extra Schlüssel aufziehen muss. Über die zerrissene Hose wurde nicht mehr gesprochen.
Die Uhr war Gastons Heiligtum – aber auch ein Teufelsgeschenk. In der Schule war er alles andere als ein Engel. Der Biologielehrerin legte er eine vermeintliche Ringelnatter in das Pultfach. Das Fräulein bekam fast einen Herzschlag, als sich der dreieckige Otterkopf züngelnd aus der Spalte schob. Gaston hatte eine Kreuzotter erwischt. In der Mathematikstunde kam es vor, dass Gaston plötzlich umständlich seine Uhr aus der Tasche zog, dem in der Nähe vorüberrollenden Zug nachsah und laut erklärte: »Sieben Minuten später – und das mit einem Eilzug...«
Einmal, es war bei Mademoiselle Lacombre, einem älteren Fräulein übrigens, im Geschichtsunterricht, waren ein Schulinspektor und ein Offizier der Deutschen anwesend. Sehr aufgeregt bemühte sich die Lehrerin, den Kindern klar zu machen, was das deutsche Volk an großen Dichtern und Denkern hervorgebracht hatte.
»Sagt mal Kinder«, begann die alte Dame, »wer kann mir einen dieser großen deutschen Dichter nennen?«
Sofort ging Gastons Finger in die Höhe. Die Lehrerin erbleichte; bestimmt nennt er Heinrich Heine, durchzuckte es sie.
»Na, Berthe«, wandte sie sich an ein dickzöpfiges Mädchen, das neben Gaston saß, »du wirst es mir sagen können!« Mit hochrotem Kopf antwortete Berthe: »Jacques Wolfgang de Goethe, mon Officier!« Der Deutsche strich sich mit der Hand über das kurz geschnittene graue Haar.
»Das heißt nicht Jacques, sondern Johann... das musst du dir aber merken...«

Aufgeregt schnippte Gaston mit dem Finger.
Der Offizier bemerkte es. Die Lehrerin und der Schulinspektor tauschten einen verzweifelten Blick. »Das ist der Schlimmste, Monsieur Inspecteur«, flüsterte Mademoiselle Lacombre. Der Offizier machte eine befehlende Handbewegung mit dem Zeigefinger. »Komm mal her, Junge! Wie heißt du?« Gaston trat vor, knallte die Hacken zusammen, so wie er es von den deutschen Soldaten gesehen hatte. »Gaston, Err Mayor! Gaston Prançois!«
Der Deutsche klemmte sein Einglas zwischen die Augenlider und musterte den Jungen. »Wer ist der größte deutsche Dichter, Gaston?« Wie aus der Pistole geschossen kam Gastons Antwort. »Der größte deutsche Dichter ist Err Friedrich von Schiller, Err Mayor!«
Der Deutsche ließ das Einglas herausfallen. »Warum gerade Schiller, Gaston?« – »Err Friedrich von Schiller hat sich immer geärgert darüber, dass an deutsche Theater nur französisch und italienisch gesprochen wird – und er wollte, dass die Leute, die in Theater gehen, auch die Sprache verstehen. Er hat geschrieben für alle Völker eine Stück. Für die Spanier den Don Charlos, für die Schweizer den Wilhelm Tell, für die Engländer Maria Stuart und für uns die Jungfrau von Orleans und…«
»Genug, genug«, unterbrach ihn der Major. »Du hast gut gelernt, Gaston. Ja, Friedrich von Schiller – ein deutscher Dichter.« Wie verzückt blickte er zur Decke. »Ihr Unterricht hat mich sehr beeindruckt, Mademoiselle… Wie war doch ihr Name?«
»Lacombre, mon Officier, Madelaine Antoinette Lacombre…«
»Wirklich, Mademoiselle, sehr beeindruckend, wie sie den Kindern erklären, welch große Kulturnation wir Deutschen sind…«
Der Major machte eine knappe, kaum angedeutete Verbeugung, küsste sogar Mademoiselle Lacombre die Hand und verließ mit dem Inspektor die Klasse.
Gaston stand immer noch vorne. »Schade«, murmelte er, »dabei wollte ich ihm noch so gerne sagen, welches Stück Schiller für die

Deutschen geschrieben hat.« Von allen Sorgen befreit strich ihm Mademoiselle Lacombre über das Haar. »Was schrieb denn Herr von Schiller für die deutsche Nation, lieber Gaston?«

»Die Räuber, Mademoiselle, die Räuber…«

Ja, so war Gaston. Doch einmal sollte ich ihn ganz anders kennen lernen.

Es war 1944. Die Alliierten waren in der Normandie gelandet, rückten vor – und die Deutschen wurden nervös.

An einem Abend hatte ich einen Eilzug nach Reims und einen Personenzug zurückzubringen. Wir kommen also zurück, halten am Wasserkran, weil die Maschine durchlief und wir am Bahnsteig ablösten, klettern von dem Bock – und schon steht eine Wehrmachtsstreife um uns herum. Na, was macht unsereins, wenn einem ein Soldat die Mündung einer MP vor den Bauch hält? Er hebt die Hände. Doch die Soldaten durchsuchten uns nur nach Waffen – dann konnten wir gehen. Als wir so durch die Siedlung gehen, meint Pierre, das war mein »Mechanicien«: »Wie wär's mit einem Feierabendbier, Chef?« Zuerst wollte ich nicht, aber dann… Na ja, man soll eben an keinem Wasserkran vorbeifahren… Wir gingen also rein. Nur ein paar Leute waren drin – darunter auch Fernand, unser Rangiermeister. Fernand hatte schon einen geladen, wie ihr sicher versteht. »Yves«, schluchzte er, »Yves, geh runter nach der Rue de petit fleur… Gaston wird dasitzen, auf der Treppe, warten wird er, dass seine Mutter nach Hause kommt, und sie wird nicht kommen, verstehst du, nie mehr…«

Wir beide sahen ziemlich dumm drein. Erst Joseph, der Wirt, klärte uns auf. »Heute Vormittag, genau in der Frühstückspause, sind an den Zylinderblöcken der Eilgütermaschinen Ladungen hochgegangen. Marcel, Gastons Vater, hatte an diesem Tag einen langen Dienst. Zuerst einen Eilgüterzug nach Dijon, zurück den Pariser Schnellzug und mit dem hatte er bei uns immer sieben Minuten Wassernehmen… Bei diesem Dienst kam immer seine Frau und brachte ihm das Essen in einem Blechtopf, damit er es sich auf dem Kessel wärmen konnte. Sie wuss-

te nichts von der Sprengung, stand mit ihrem Emailletopf wie immer am Wasserkran und wartete auf den Zug, da nahm sie die Feldgendarmerie mit – als Geisel. Zehn Geiseln haben sie festgenommen – und der deutsche Kommandant hat erklärt, wenn sich der Attentäter freiwillig meldet und sich stellt, werden die Geiseln freigelassen… Marcel hatte nur zu Gaston gesagt: »Fege die Wege, Mutter und ich sind bald zurück« – und dann ist er gegangen.«
Joseph polierte immer noch an seinen Zapfhähnen. »Der Junge wartet immer noch…« brummte er dabei.
Ich weiß nicht einmal, ob ich unser Bier bezahlte, ging los, in die Straße der kleinen Blumen – und da saß Gaston. Schmutzig wie immer. Die Ellenbogen auf die Knie, das Gesicht in die Hände gestützt – und wartete.
Als er meine Schritte hörte, sah er auf, sank dann aber wieder zusammen. »Gaston!«, rief ich. Er sah mich an und ich sah seine Augen schimmern wie Sterne – doch es waren sehr ferne Sterne, mon amis, unendlich ferne. Auf seinem wie stets staubigen Gesicht sah ich Spuren, als wenn ein entgleister Güterwagen über den Boden gerollt wäre. »Vater… ist zur Kommandantur – weil sie doch die Mutter mitgenommen haben. Ob sie bald kommen, Monsieur Bernal?« Sein dreifarbiger Kater strich leise schnurrend um seine Füße. »Ich weiß nicht, Gaston«, log ich. Ansehen konnte ich ihn nicht dabei. Es schnürte mir fast die Luft ab. »Komm, Gaston«, meinte ich nach einer Weile, »komm mit zu uns. Du musst doch erst Abendbrot essen…«
Der Junge sah zu mir auf. »Darf ich Emile mitnehmen?«, fragte er und deutete auf das Tier. »Sicher hat er auch Hunger…« »Natürlich«, meinte ich und dachte – mehr haben sie ihm nicht von seiner Familie gelassen…
Am anderen Morgen waren Plakate an die Häuserwände geklebt. »Wegen Beihilfe an Sabotageakten und zur Abschreckung wurden folgende Personen gestern Abend standrechtlich erschossen: Es folgten elf Namen…

Plötzlich waren alle an unserem Tisch still. Lucas drehte den längst erloschenen Zigarettenrest im Aschenbecher und Gustav malte in Gedanken irgendwelche Muster auf die Tischecke. »Ja«, sagte er und weiter nichts. Die Frauen mussten sich dauernd die Nase putzen und meine Therese stieß mir den Ellenbogen in die Rippen: »Du bist und bleibst ein Trottel – an einem solchen Tag – solche Geschichte…« Um die Augen sah sie ganz rot aus. Selbst der Depotingenieur wusste nichts zu sagen.

Da rettete Lucas die Situation. »Hast du nicht Gaston groß gezogen wie deinen eigenen, Yves? Ist er ein tüchtiger Lokomotivführer geworden, unser Gaston, oder nicht? Na, also. Heute fährt er auf der Südbahn.« Irgendjemand füllte die Gläser. Ich stand auf. »Salut, camarade Marcel – und gute Fahrt, Gaston!«, sagte ich und trank mein Glas aus. Ja, manchmal kommen einem Dampflokführer nicht nur vom Fahrtwind die Tränen.

Meine schwerste Fuhre

Lokomotivführer, die nicht mehr fahren dürfen, sind wie alte Bremssohlen. Abgeschliffen, verbraucht, nur noch dazu nütze, sie zwischen die Schuppentore zu legen, damit der Wind sie nicht zuschlagen kann. Mit dem Tagesdienstrhythmus klarzukommen, ist schon ein Problem – und dann – wie eng kann der Schuppen sein… Doch man muss damit leben wie ein Hund mit den Flöhen…

Es war am Weihnachtstag. Wie wohl überall: Die Werkstatt erledigt nur noch das Nötigste, dann wird sauber gemacht, die Dreckecken ausgefegt und manche Minute wird dazu genutzt, zu plauschen, was man wohl so über die Feiertage anstellen wird.

In Gedanken überlege ich mir noch einmal meinen Plan. Die »Queen« und ich werden uns nichts schenken. Die Schwiegertochter – und Pflegetochter zugleich – wird die Teile für die Küchenmaschine erhalten, der »Kleine« – 1,86 m groß mit Händen wie Stullenbretter – wird etwas für die Schienen im Maßstab 1:87 erhalten und unsere Kathi, das Katharinchen, Opas Beste, bekommt ihre Eisenbahn. Ganz hinten im Kleiderschrank, wo keiner hinsieht, habe ich für die »Queen« als heimliche Überraschung noch das Schächtelchen verwahrt mit den Bernsteinohrringen. Ich weiß, wie sehr sie diesen Schmuck liebt – und er wird ihr gut stehen, mit ihren »Aluminiumlocken«.

Die Lehrlinge fegen in Ecken herum, in denen überhaupt kein Schmutz mehr liegen kann.

»Kalle«, meine ich zu dem Meister, »schick die Jungen nach Hause.«

»Meinst du?«
»Ich meine!«
Ein schriller Pfiff auf zwei Fingern, unüberhörbar – und dann: »Feierabend, Piepels!«
Eine fröhlich grölende Schar strömt aus dem Schuppen. »Tschüs, alles Gute, schöne Feiertage!«
Das kleine Büro in der »Spatzenloge« ist schon aufgeräumt. Termine sind aufgearbeitet, normalerweise wäre nichts, was…
Das Schrillen des Telefons reißt mich hoch. Der Lokleiter, unser »Bubi«, ist am anderen Ende der Leitung.
»Du, Jochen, auf dem Südring soll es geknallt haben!« In diesem Moment gellt die Hilfszugsirene. Das schrille Heulen scheint einem die Haare zu sträuben.
»Du, Jochen … ick gloobe …« Pause. Dass der »Bubi« immer so lange Pausen macht, bis er…
»…der Pankower sacht mir … ick gloobe … et hat deinen Kleenen erwischt …«
Noch immer heult die Sirene. Die Mütze, Treppen hinunter, drei Stufen auf einmal. Verfluchte Eisenbahn! Wenn du Menschenfleisch fressen willst – friss meines …
Der Oberputzer, der liebe Gott des Lokomotivschuppens, sieht mich mit flackernden Augen an.
«Ich hab die Hilfszugmaschine vor der Zeit zur Wartung … Konnte doch nicht ahnen, dass…«
»Mensch, mach mich nicht vollends verrückt!«
Da steht unsere Weichenheizlokomotive, eine 52er. Träge zieht der Qualm aus dem Schornstein. Ich springe über die Gleise, fasse die schmierigen Handstangen. Der Bläser zischelt. 12 atü zeigt das Manometer. Dampf auf! Die Schaufel gleitet durch meine Hände.
Der Kesselwärter, ein Hüne aus der Dampfzeit, kommt hinzu. »Stimmt et, mit deinem Kleenen…«
»Mach weiter, Franz…«

Die Luftpumpe stampft, lässt die 136 Tonnen Stahl erzittern. Wie rasend dreht der Linksaußen an der Kurbel der Handbremse. Ra 12. Die Dampfpfeife gellt. Weichen knurren unter der Lokomotive. Rückwärts, ran an den Gerätewagen. Puffer schlagen aneinander. Druckluft zischt.

Anlegen – Lösen… Wieder hämmert die Luftpumpe… »Dringlicher Hilfszug Nr. 1 – Abfahren!«

Die Stangen greifen. Durchkreuzen über den Bahnhof – macht doch, ihr Blödmänner! Wisst ihr denn nicht, was ein dringlicher Hilfszug ist? Ein Gex fährt von der anderen Seite ein. Die Feuertür klappert. Ausfahrt! Der Abdampf poltert durch den Schornstein. Spurkränze kreischen im Gleisbogen. Die Strahlpumpen gurgeln. Auf dem Zifferblatt steigt die Tachometernadel. 50 … 60 … 70 km/h. Wieder fährt der Wind ins Gesicht, treibt einem den süßsalzigen Teeratem in alle Poren. Wuhlheide: Durchfahrt!

Unter der Maschine rattern Schienenstöße. Die Schaufel knirscht in

der Kohle. Auf dem Rost wüten die Flammen. Weit habe ich den Regler aufgeschoben – zu weit?
Eine vierziger Weiche. 50 zeigt der Tachometer. Die 52er wankt, bockt… »Lauf doch, du alte Krücke – lauf doch!« Die Schienen singen. Blocksignale fliegen vorüber.
Flughafen Schönefeld. Alles steht still. Nur für uns zeigen die Signale grünes Licht. Ein stummer Blick zu dem Turmstellwerk, auf dem ein Kollege seinen Dienst versieht und eigentlich weiter nichts macht, als nach der Vorschrift zu handeln. Danke, Kollege! Wieder verschlingt die Rauchkammer das Schwellenband! Weiter! Letzte Station vor der Unfallstelle. Ausfahrt Halt – und dann – weiter im Gleiswechselbetrieb. Wuff-wuff-wuff, macht die 52er.
Die Unfallstelle. Am Einfahrtsignal stoppt man uns. Der Hörer des Signalfernsprechers zittert in meinen Händen. »Hilfszug Nummer eins…«
»Lokomotivführer, du bekommst Ersatzsignal, vorsichtig fahren, wir wissen nicht, ob das Profil… Oder soll ich dir lieber einen Befehl ausschreiben?« Ich merke, wie ich meine Beherrschung verliere.
»Signal!«, schreie ich in die Muschel, »gib mir endlich ein Signal!« Ich höre nur noch etwas von Ruhe bewahren, sehe das Aufblinken des weißen Lichtes. Der Reglergriff klebt vom Schweiß. Die Maschine zwängt sich durch die Weichen. Im grellen Scheinwerferlicht – die Unfallstelle.
Eine Diesellokomotive, die keinen Führerstand mehr hat. Unter dem zerfetzten und verbogenen Blech glänzt Aluminium wie die Haut geschlachteter Fische.
Ich spüre einen furchtbaren Druck im Kopf, einen Brechreiz… »Aus dem Führerstand ist doch keiner mehr raus gekommen«, schießt es durch mein Hirn und instinktiv reiße ich den Hebel des Führerbremsventils in die Schnellbremse, habe schon die Handstangen ergriffen. Artistensprung, hinunter auf den Schotter. Die Steine klirren. »Micha!«, schreie ich und erschrecke vor dem Klang meiner eigenen

Stimme. »Micha!« Da löst sich aus einer Gruppe von Eisenbahnern, Feuerwehrleuten und Polizisten eine Gestalt, die ich unmöglich verwechseln kann.
»Vadder!«
Ein Eisenkranz scheint sich um mein Herz zu legen.
»Vadder!«
Ich packe die dieselstinkende Uniformjacke und den Kerl, der darin steckt, presse ihn an mich, taste, ob noch alles dran ist – und merke jetzt erst, wie meine Knie zittern.
Auf das schmierige Schutzrohr der Kolbenstange stütze ich mich, setze mich auf den Rangiertritt… Wie durch eine Nebelwand höre ich, als er erzählt, dass er alles so gemacht habe, wie ich es ihm beigebracht hatte.
»Als ich sah, dass der Kumpel das Signal nicht mitbekam und die Weichen auf mich lagen … eingeigelt … und gesprungen … recht weit weg von der Karre…«
Noch immer halte ich seine Schulter fest, taste mit der anderen Hand nach meinen Zigaretten. Ob er mal Feuer habe, will ich wissen und im aufflammenden Feuerschein sehe ich sein Gesicht.
»Scheißeisenbahn, elende Scheißeisenbahn!«
Der Notarzt erklärt, dass sie meinen Großen erst einmal mitnehmen müssten, zur Kontrolle, wegen der Schockwirkung und so. »Wir fahren ihn dann nach Hause…«
Ja, was sein muss, muss wohl sein. Ich sehe dem Notarztwagen, der mit Blaulicht über den holprigen Feldweg davonschwankt, nach. Weihnachten soll heute sein.
Die Ablösung kommt. Von irgendwo wird sie der »Bubi« aufgegabelt haben. Braver Kerl.
Irgendwer hat angeordnet, dass der nächste Schnellzug außerplanmäßig zu halten hat, um uns mitzunehmen. Franz und ich klettern in den Führerstand.
Dunkle Straßen. Hinter den Fenstern die Umrisse der Fichten mit ihren

bunten Kugeln und Lichtern, Weihnachtslieder aus einem Gerät. »Lasst mich rein ihr Kinder, ist so kalt der Winter…«
Seltsam. Ich merke nicht, wie der Frost meine bloßen Finger gefühllos werden lässt. Der Schnee knirscht unter den Sohlen. Die Korridortür. Vertraute Atmosphäre, Geruch von Fichtenholz und Weihnachtsgebäck, Wärme…
Die »Queen« kommt mir entgegen. Wenigstens an solchen Tagen sollte ich doch versuchen, pünktlich… Dann sieht sie mich an.
»Jochen, wat is?« Zum ersten Mal bemerke ich, dass ihre Augen flattern. »…is doch wohl nich … ist … der Micha … der is doch noch nich da?«
Ich setze mich auf den Küchenstuhl. Die graublauen Augen unter dem aluminiumfarbenen Haarschopf blicken plötzlich merkwürdig starr.
»Marianne«, höre ich, »Marianne… ick glöv, de Jochen muss de wat seggen.«
Schnelle Schritte auf dem Korridor – und da steht meine Schwiegertochter. Unschlüssig reibt sie die Hände an ihrer Schürze, sieht erst auf mich, dann auf ihre Mutter, presst die Lippen aufeinander. Ich sehe, wie ihre Halsschlagadern zucken.
»Nich schwindeln, Vadding, nich schwindeln…Kinners belügen is dat Schlimmste.«
»Ach, was soll's«, brumme ich, »ist doch alles vorbei. An dem Jungen ist noch alles dran. Sie haben ihn nur zur Untersuchung ins Krankenhaus gebracht wegen Schock und so. Er kommt sicher bald, ihr könnt mir das glauben, ich war selbst mit dem Hilfszug da.«
»Hilfszug? Wo? Warum denn Hilfszug?«
Und während ich berichte, beginnt sich bei den Frauen langsam die Erstarrung zu lösen. Janny greift sich die Fußbank, setzt sich vor meinen Stuhl und legt den Kopf auf meine Knie.
»Danke, Vadding, hest ihm rutholt. Danke!«
»Quatsch, Töchting, Blödsinn. Ist mein Sohn, dein Mann, der Vater von unserem Kathrinchen – na und sonst.«

»Was hat denn die Kleine zur Eisenbahn gesagt?«, lenke ich ab.
Jetzt ist es wieder da, das vertraute, feine Lächeln der »Queen«. »Sie hat die Lokomotive mit ins Bett genommen – und immer gesagt, dass in diesem Jahr der beste Weihnachtsmann der Welt gekommen wäre.«
Und im gleichen Augenblick, wetterwendisch wie eine Windböe an der Ostseeküste, faucht sie: »Und du Trine – steh nicht rum, sieh zu, dass was zum Essen auf den Tisch kommt, oder besser, du gibst Jochen erst einmal einen Köm – aber nicht zu knapp. Oder noch besser: Du gibst uns allen einen, den können wir brauchen nach dem Schreck.«
Flink kann die Janny sein, sehr flink sogar. Man sagt ja nicht zu Unrecht, dass Schwiegertöchter – mehr als die eigene Frau – den Vater ihres Mannes verwöhnen.
»Na, nun wird es ja doch noch Weihnachten«, höre ich die »Queen« sagen.
Als ich das Glas anhebe, setzt sie hinzu: »War wohl eine schwere Fuhre, was?« Ich kann nur nicken. Es war meine schwerste Fuhre.

Meine »Ersatzlok« – ein Käfer

Bei Verlegern und deren Mitarbeitern ist man vor Überraschungen nicht sicher. Zu meinem Lektor habe ich ein gutes Verhältnis. Jeder macht seine Arbeit, respektiert dabei die Persönlichkeit des Anderen. Dazu gehört aber auch, gewisse »Geburtsfehler« des Anderen in Kauf zu nehmen. Der meinige ist allerdings, dass ich die Zunge zu dicht am Gehirn trage, was in den meisten Fällen nicht vorteilhaft ist. Nun kam der gute Mann zu mir und meinte, ich solle »so etwas wie eine Inhaltsangabe schreiben, so zehn, zwölf Sätze. Na ja, wenn es zwanzig sind, schadet es auch nichts. Der Leser soll doch die Katze nicht im Sack kaufen…«

»Habt ihr denn keine PR-Abteilung dafür?«

»PR???«

»Nun sage bloß, du sprichst kein Englisch? Mann, damit wärst du im deutschsprachigen Raum ja beinahe ein Analphabet. »PR« das heißt »public relation« oder wenn du es auf urgermanisch hören willst, auch »Werbeabteilung«, und die Ladys und Gentlemen dort werden für ihren Job bezahlt…«

»Aber die können doch nicht verstehen, wie du das meinst…«

Es half mir nichts, mochte ich ihn auch als willigen Büttel der »Verlagsbourgeoisie« bezeichnen, die einen armen Autoren ausbeute. »Drei, vier Tage hast du Zeit – es ist ja nicht so schlimm«, und damit war er verschwunden. Doch bevor er die Tür hinter sich schloss, fragte er: »Sag mal, versteht dein Hund auch Englisch?«

»Das ist ein deutscher Schäferhund, der braucht das nicht!«
Beim Heiligen Geist von Newcastle, beim seligen George Stephenson, was muss ein deutscher Lokomotivführer eigentlich noch können?
Wenn sich ein Mensch seinen Kindertraum erfüllt und den Beruf eines Lokomotivführers erlernen darf, hat es das Leben gut mit ihm gemeint, er bereut keine Minute, dass er mit der »Schwarzen Lady« eine Ehe einging, unkündbar und auf Lebenszeit. Wenn in unserem Land große Männer ihre Amtszeit beenden, schreiben sie ihre Memoiren – oder lassen sie schreiben. Man ehrt diese Persönlichkeiten mit Verdienstkreuzen und einer respektablen »Ehrenbesoldung« – auch wenn von ihnen nicht viel Erinnerung bleibt als der Satz »es müsse ein Ruck durch unser Land gehen«. Der prophezeite »Ruck« blieb bis jetzt aus, wir wissen auch nicht, ob er nach links oder rechts geht.
Für uns »Schwarze«, für uns »Maschinenkulis« gelten andere Maßstäbe. Ein halbes Jahrhundert auf dem Führerstand und dann nach seiner letzten Fahrt sagen zu können: Durch mein Versehen ist nie ein Mensch zu Schaden gekommen, ist mehr als ein paar Blechkreuze. Zu meiner Verabschiedung gab es 75,- Ostmark und einen Strauß mickriger Grabastern, dazu ein freundschaftliches Schulterklopfen und ein »Machs mal gut«, und dann klappte die Pförtnertür zum letzten Mal. Abgeschrieben! Aus der Regimentsliste der »Blauen Legion« gestrichen. Als Gnadenbeweis gibt es acht Einzelfahrten im Jahr; »Armenattest« sagen wir dazu. Ein Privileg? Kaiser Napoleon I. gestattete ebenso den Invaliden seiner »Großen Armee«, auf öffentlichen Straßen und Plätzen zu betteln…
Die Deutsche Bahn war dagegen schon empfindlicher. Wer schon auf Armenattest fährt, habe gefälligst unaufgefordert seinen Sitzplatz für andere zahlende Kunden freizumachen. Einmal kam ich in diese Verlegenheit und erinnere mich nur, dass die Schaffnerin (Verzeihung, das heißt ja jetzt »Zugbegleiterin«) ein unangenehm süßlich duftendes Parfüm benutzte. Wenn ich den Platz nicht freiwillig räume, erklärte die Dame, würde ich von der Fahrt ausgeschlossen.

Ich angelte nach meiner Umhängetasche und der leider unvermeidlichen Gehhilfe und verließ in Braunschweig den Zug, verfolgt von den neugierigen Blicken der anderen Reisenden, die absolut nicht begriffen, warum man einen invalidisierten Lokomotivführer einfach aus dem Zug setzt. An diesem Tag habe ich mir die gesamte Eisenbahn buchstäblich aus dem Herzen gerissen. Nie wieder fahre ich Eisenbahn, schwor ich.

Weil ich aber stillstehende Räder nicht leiden kann, immer noch am liebsten derjenige bin, der sie in Bewegung setzt, sah ich mich nach einem anderen Gefährt um. Unzählige Automärkte durchstreifte ich, nahm verlockende Angebote zur Kenntnis und hatte dabei immer noch den Gedanken im Hinterkopf, dass jeder Händler gerne einen »doofen Ossi« über den Tisch gezogen hätte.

Im nordöstlichsten Ende meiner Heimatstadt befand sich ein kleinerer Automarkt, und dort stöberte ich herum. (Hinweis für Leute, die einen Gebrauchtwagenmarkt besuchen: Keinen Nadelstreifenanzug und Schlips, sondern Lederjacke und Rollkragenpullover, möglichst schwarze Fingernägel und an einem eventuell interessierenden Fahrzeug nach Möglichkeit alles anfassen.) Versteckt hinter verschiedenen Karossen stand er: Ein Käfer-Cabrio, türkisblau mit schwarzem Dach. Der dort angestellte »Hofmeister« sah mich verständnislos an, als ich ihn fragte:

»Wat is'n mit dem da?«

»Watt Chef, den Kefa?«

»Jawohl, den Käfer, lass den mal an…«

»Ick weeß nich, ob noch jenuch Sprit im Tank is und ob die Batterie…«

»Vater! Sprit kann man nachfüllen und ne Starterbatterie wird doch wohl da sein…«

Inzwischen hatte sich wegen mangelnder Besucherfrequenz der Inhaber des Marktes hinzugestellt.

»Sie interessieren sich für einen Käfer?«

»Sonst würde ick ihn mir nich ankieken.«

»Haben Sie irgendwelche Beziehungen zum Käfer?«
»Und ob, Vadder hat jahrelang druff jespart – und mia hat er, allerdings in einer anderen Farbe, vor russische Kriegsjefangenschaft bewahrt.«
Niemand hatte mir zuvor gesagt, dass man, wenn man ein Käfer-Cabrio kauft, noch das doppelte der Kaufsumme hinzurechnen muss. Die Kaufsumme betrug... Schwamm drüber.
Einen halben Kanister Sprit aufgefüllt, zwar nur einfache »Klingelbrühe« – aber die verdaut ein Käfer schon, und eine neue Batterie. Dann rein mit dem Schlüssel, drei Versuche – und dann war Ruhe. Dem »Remisenbesitzer« war das etwas peinlich. Das Auto habe zwar nun schon eine Weile gestanden, und mit einem Käfer wisse er auch nicht so richtig... Mir war aufgefallen, dass beim Anlassvorgang die Öldruckkontrolllampe keine Reaktion zeigte. Sekunden für ein Selbstgespräch. Denkst du vierarmiges Krabbeltier vielleicht das Gleiche wie ich? Raus mit dem Ölpeilstab – und da war außer etwas Rostansatz nichts zu sehen. »Ja, Chef, ohne Öl läuft kein Motor! Die Wolfsburger Käferschmiede haben schon im Voraus mit der Faulheit und Dusseligkeit mancher Autofahrer gerechnet. Ein Liter Öl, aber frisches bitte, vollbringt Wunder.«
Erneuter Startversuch. Negativ! Beim zweiten Test ein Schnaufen und eine blauschwarze Wolke aus den Auspuffrohren, aber »Ja« hatte der Käfer schon gesagt. Zureden hilft, das hatte ich von meinen Lokomotiven gelernt. »Na, nun komm, Kumpelchen! Wir beide verstehen uns doch...« Anlasser rein, Schnaufen, zwei Fehlzündungen, dann kam der Dritte, der Erste, der Zweite – und nun das gesamte Quartett. Blaue Wolken aus den »Trötröhren« und monatealter Dreck, aber der Käfer lief. Zwar verursachte der total verrostete und durchlöcherte Schalldämpfer Geräusche, wogegen die eines startenden japanischen Torpedofliegers vom Flugdeck des Trägers »Akagi« die reinsten »Flüstertüten« waren, doch fahren konnte man mit dem Käfer schon wieder, es rollte wieder unter den Füßen. Und er läuft und läuft und läuft...

Mit ihm habe ich bereits Orte und Regionen gesehen, die ich nur von der Landkarte her kannte. Die deutschen Alpenstraßen oder eine ostfriesische Veteranenrallye waren mir noch nicht weit genug, aber von Oslo führt die Europastraße E 6 über 1700 Kilometer weit, parallel zur »Eisbärenroute«, zu dem kleinen Ort Krokstand. Außer, dass es dort nichts Besonderes zu sehen gibt, als dass es abends nicht mehr dunkel wird, steht dort ein einsamer Steinobelisk. «Arctic circle« steht dort eingemeißelt.
Es war zwar eine Schinderei und obendrein noch teuer, aber Käfer unter der Mitternachtssonne sieht man nicht alle Tage.
Und dann gab es da noch einen unschätzbaren Wert. Niemand konnte mir meinem Sitzplatz streitig machen oder mich gar von der Fahrt ausschließen.

Ein unschlagbares Team

Ja, Menschen, damit wir uns besser verstehen – hier habt ihr uns gleich im »Dreierpack«. Der, bei dem ich dort sitze, ist »mein Mensch«, »mein Kumpel«. Sagt um Gottes willen nur nicht »Herrchen« zu ihm. Wenn ihr das tut, habt ihr bei ihm schon verspielt. Er sagt nämlich immer, wo es Herren gibt, da gibt es auch Knechte, und das wäre wie bei den Menschen untereinander; dort gibt es auch »oben« und »unten«. Wie das im Leben aussieht, wisst ihr ja selbst.

Ich war bereits unten, ganz unten auf der Lebensleiter. Weil ich nach dem Rassestandard für Stöberhunde zwei schwarze Ohrbehänge haben müsste, mein rechtes Ohr jedoch nur schwarz gefleckt war, hatte ich schon Minuspunkte. Als ich jedoch bei der Jagdhund-Eignungsprüfung wegen mangelnder Schussfestigkeit durchfiel, war ich für das »liebe Herrchen« als Statussymbol unbrauchbar. Es nahm mir das Halsband ab, knüpfte mir an dessen Stelle eine alte Pferdeleine um den Hals und setzte mich ins Auto – in den Kofferraum. Als ich nach einiger Zeit wieder herausgeholt wurde, war ich mitten im Wald.

Das »Herrchen« lief eine Weile mit mir durch das Gestrüpp und band mich dann an einen Baum. »Artig sein«, sagte es nur, dann drehte es sich um und ging. »Entsorgung« sagt ihr Menschen wohl dazu.

Ich kläffte, bellte hinterher: »He du! Du hast etwas vergessen«, sollte es bedeuten – doch dieser Mensch ging weiter…

Es war ein sehr heißer Sommer in diesem Jahr. Seit zwei Wochen hatte es nicht geregnet. Die Erde war trocken und staubig und von tausenden brauner Kiefernadeln bedeckt. Verzweifelt versuchte ich zu »buddeln«, etwas feuchtere Erde nach oben zu bringen, aber die Leine war zu kurz. Doch so schnell gibt ein Welpe nicht auf, auch wenn er erst drei Monate alt ist. Ich versuchte, an dem Strick zu kauen, zu nagen, doch meine Zähne waren noch nicht groß und scharf genug, und der harte Hanf riss mir das Zahnfleisch blutig.

Dass Hunger wehtun kann, wissen auch die Menschen – aber noch schlimmer ist der Durst. Er kann jedes Lebewesen zum Wahnsinn treiben. Bereits zwei Mal war es im Wald hell geworden – und an jedem Morgen das Erwachen – und Enttäuschung. In meinen Schlafpausen träumte ich von unserer Wurfkiste und von meinen Geschwistern. Aber immer, wenn ich wach wurde, war er da: Dieser furchtbare Durst!

Die Menschen sagen immer: Hunde und Katzen haben ein zähes Leben. Katzen sind »Überlebenskünstler«.

Wisst ihr Menschen, wie das ist, keinen Ausweg mehr zu wissen?

Mitten in diesem Dahindämmern – Schlafen konnte man es nicht nennen – riss mich ein Geräusch hoch. Unsereiner kann noch so kaputt sein – aber Ohren und Nase funktionieren bis zum Schluss. Das Geräusch sagte mir, dass irgendjemand kam, irgendetwas Großes, größer als eine Katze, ein Fuchs oder ein Igel. Egal, ob dieses Etwas gut oder böse war, ob es mich belecken oder mir den Hals durchbeißen würde – der Durst war viel schlimmer. Wehren konnte ich mich sowieso nicht mehr.

Das Etwas war ein Mensch. Seine Hände rochen zwar nicht nach Seife oder Parfüm, sondern nach ganz ordinärem Benzin, aber sie konnten streicheln. Nachdem er die Leine vom Baum abgeschnitten hatte, sollte ich mitkommen, doch ich konnte nicht. Versteht ihr, der Durst …Meine Knie wollten nicht mehr.

Der Mensch nahm mich auf den Arm. Meine erste Amtshandlung war, den Morgentau von seiner Lederjacke abzulecken. Als der Mensch das bemerkte, sagte er etwas, was nicht gerade als Sympathieerklärung für seine Artgenossen zu werten war.

Am Waldrand befand sich ein Parkplatz und eine kleine »Brutzelbude«, mit der nicht wenige Menschen versuchten, ihr Überleben zu gestalten. Dort brannte Licht, und ich hörte ein bekanntes Geräusch,

einen laufenden Wasserhahn. Meine gesamte noch vorhandene Kraft nahm ich zusammen – und fiepte. Zum Bellen reichte es nicht mehr. Eine große, blanke Schüssel gab das »Frauchen« hinter dem Ladentisch meinem Menschen – und der stellte sie mir hin. Sie war voller Wasser. Wisst ihr Menschen, wie gut Wasser schmeckt? Meine ganze gute Erziehung durch meine Hundemutter vergaß ich, ging mit beiden Vorderläufen in die Schüssel, schlappte die glasklare Flüssigkeit, spritzte damit herum, und als die Schüssel leer war, ließ sie mein Mensch erneut füllen, ganz für mich allein.
Welpen sind dumm, sagt ihr Menschen. Mag sein, aber Menschenkinder sind auch nicht schlauer. Dafür haben wir den Menschenkindern jedoch eines voraus: Bedingungslose Ehrlichkeit. Darum war es auch nicht nur ein plumper Anbiederungsversuch, als ich die Hand leckte, die mir die zweite, gefüllte Wasserschüssel hinstellte. Es war ein »Danke« auf unsere Art, ein »Danke« für das zweite Leben.
Über den Dritten in unserem Bund brauche ich euch wohl nichts zu erzählen. Ihr kennt doch bestimmt alle den Slogan: »...Und er läuft und läuft – und läuft...« Dass er nebenbei auch die größte »Sparbüchse« meines Kumpels ist – was soll's. Dafür bringt er uns überall hin – und auch wieder zurück. Wir drei zusammen sind eben ein unschlagbares Team.